Rhein-Flugzeugbau GmbH und Fischer Flugmechanik

Paul Zöller

Rhein-Flugzeugbau GmbH und Fischer Flugmechanik

60 Jahre Luftfahrt-Entwicklungen von Hanno Fischer

FSC
www.fsc.org
MIX
Papier aus verantwortungsvollen Quellen
Paper from responsible sources
FSC® C105338

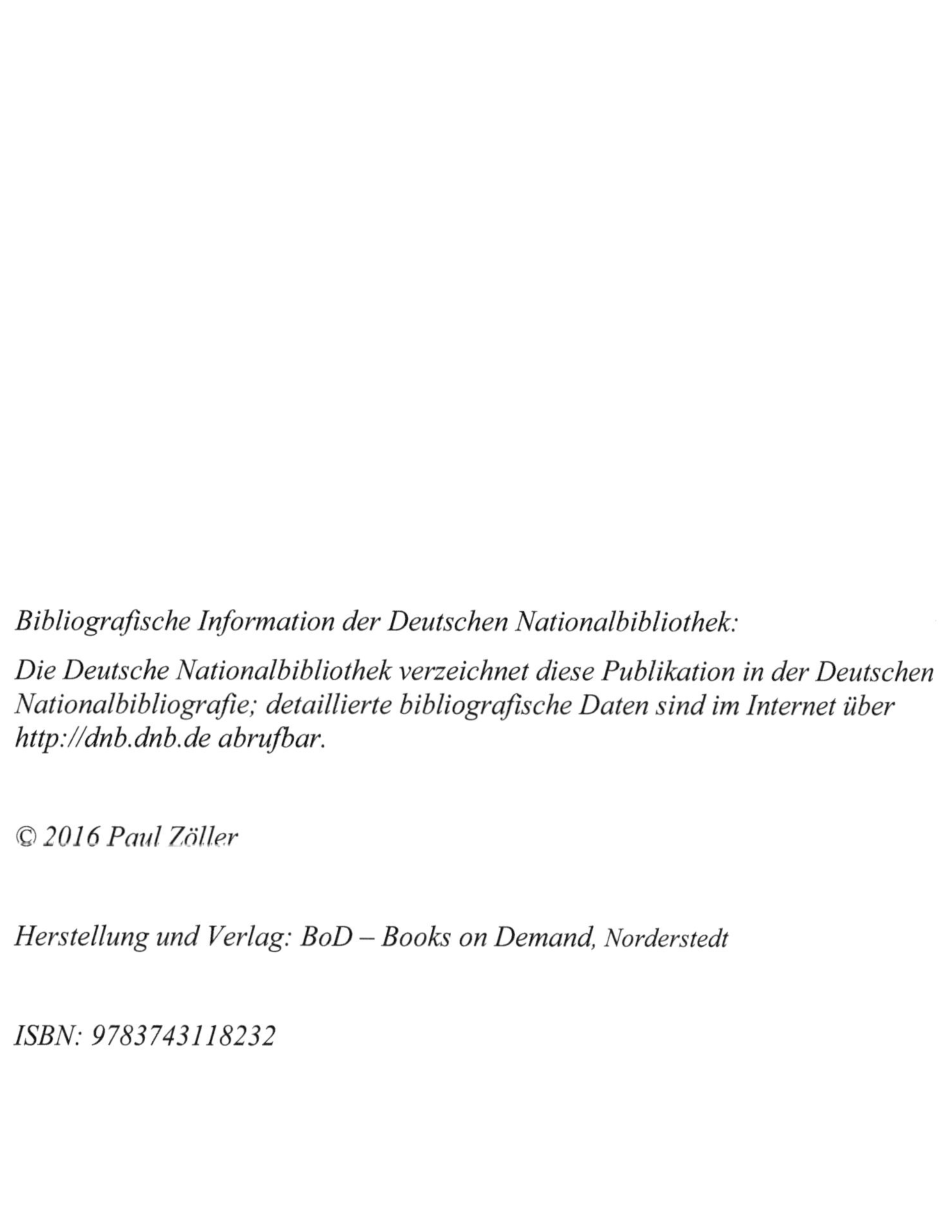

Bibliografische Information der Deutschen Nationalbibliothek:

Die Deutsche Nationalbibliothek verzeichnet diese Publikation in der Deutschen Nationalbibliografie; detaillierte bibliografische Daten sind im Internet über http://dnb.dnb.de abrufbar.

Herstellung und Verlag: BoD – Books on Demand, Norderstedt

ISBN: 9783743118232

Vorwort

Bekannt ist Hanno Fischer als technischer Leiter der Rhein-Flugzeugbau GmbH aus Mönchengladbach. Mit seinen in der Fachwelt vielbeachteten Konstruktionen begründete Hanno Fischer den Ruf des Unternehmens als luftfahrttechnische Innnovationsschmiede. Die dreißigjährige Aktivität für Rhein-Flugzeugbau stellt aber nur einen kleinen Ausschnitt seiner inzwischen 65 jährigen Tätigkeit als Konstrukteur und Entwickler dar, die bis zum heutigen Tag von kontinuierlicher Innovation geprägt ist.

Innovation erfordert nicht nur den Mut zum Andersdenken, sondern vielmehr auch den Mut zum Andersmachen. Den Mut zum Andersmachen hat Hanno Fischer in 65 Jahren stets aufgebracht. Seine Konstrukteurslaufbahn begann 1951 mit dem Entwurf des Motorseglers FiBo 2 zu einer Zeit als in der jungen Bundesrepublik der Motorflug noch verboten war. In den Sechzigern gehörte Hanno Fischer zu einer kleinen Gruppe von Ingenieuren, die sich erstmals mit der Verwendung von Kunststoffbauteilen im Bereich der tragenden Strukturen des Flugzeugbaus beschäftigten. Im aufstrebenden Jetzeitalter bringt Hanno Fischer Mitte der siebziger Jahre ein kostengünstiges Propellerflugzeug mit jetähnlichem Flugverhalten für die Strahlpiloten-Ausbildung ins Gespräch. Von einschneidender Bedeutung wird für Fischer in den siebziger Jahren die Zusammenarbeit mit Alexander Lippisch bei der Grundlagenerforschung des Bodeneffekts. Fischer betritt damit das ingenieurmässige Niemandsland zwischen Luft- und Seefahrt. Nach dem Tod von Alexander Lippisch führt Hanno Fischer die Entwicklung weiter und gelangt über mehrere Versuchsträger mit der Airfish AF-3 schließlich zum weltweit ersten serientauglichen Bodeneffekt-Fahrzeug. In seinem Entwicklungsbüro Fischer Flugmechanik sind daraus in den vergangenen 25 Jahren weitere technologische Entwicklungsstufen entstanden, die inzwischen Groß-Fahrzeuge für mehrere 100 Passagiere ermöglichen. Absatz finden die Entwürfe von Hanno Fischer vor allem in Asien, wo Fischers Bodeneffekt-Fahrzeuge die große Lücke zwischen preisgünstigem, aber zeitintensivem Seeverkehr und schnellem, aber kostspieligem Luftverkehr abdecken.

Das vorliegende Buch widmet sich den Entwicklungen von Hanno Fischer und den beiden Unternehmen, in denen diese Entwicklungen in den zurückliegenden 65 Jahren umgesetzt wurden. Für den Autor war es ein besonderes Glück und eine große Freude, daß Hanno Fischer selbst diese Ausarbeitung tatkräftig und umfangreich unterstützt hat. Der Leser erhält damit eine authentische und korrekte Sicht aus erster Hand auf die damaligen Begebenheiten mit vielen Details und Hintergründen, die uns ansonsten verborgen geblieben wären. Glücklicherweise konnte Hanno Fischer auch einen großen Teil des verwendeten Bildmaterials aus seiner privaten Bildsammlung und Resten des ehemaligen RFB-Bildarchivs beisteuern, die hier teilweise erstmals der Öffentlichkeit zugänglich gemacht werden.

Ein besonderer Dank geht an Michael Fader von Wings-Aviation, der viele Informationen und Bilder zum Einsatz der Fantrainer in Thailand zur Verfügung gestellt hat. Vielen Dank auch an Steve Darke und Jean Marc Braun, die zahlreiche Bilder der thailändischen Fantrainer beigesteuert haben und den Verbleib der Flugzeuge ausführlich auf flickr.com dokumentieren. Dieses Buch wäre auch ohne den vielfältigen Support aus dem Internet nicht möglich gewesen. Vielen Dank an alle, die auf ihren Webseiten, in Foren oder digitalen Bibliotheken ihre Informationen zur Verfügung gestellt haben. An dieser Stelle gilt Panagiotis Zagklis mein besonderer Dank, über dessen Facebook-Seite der Autor nicht nur umfangreiches Material zum Stand der Bodeneffekt-Forschung bekam, sondern auch der persönliche Kontakt zu Hanno Fischer hergestellt wurde. Vielen Dank, Panagiotis! Dank auch an die Vielen, die Bildmaterial aus ihren persönlichen Archiven für dieses Buch beigesteuert haben.

Dem Autor ist es in erster Linie ein Anliegen, die bestehende Lücke zum Thema Rhein-Flugzeugbau und Hanno Fischer in der deutschen Luftfahrtliteratur zu schließen. Schön wäre es, wenn der Leser diesen Lückenfüller als einen spannungsreichen Bogen durch 65 Jahre Luftfahrtgeschichte empfindet.

Krefeld im September 2016,
Paul Zöller

Mit dem vorliegenden Werk erheben wir keinen Anspruch auf Vollständigkeit. Es mag auch durchaus sein, daß sich in dieser Biographie der eine oder andere Fehler eingeschlichen hat. Viele Leser werden vielleicht auch erst durch diese Veröffentlichung dazu angeregt, Ihr Wissen zu teilen.

Wir haben uns deshalb dazu entschlossen, für unsere Leser eine Kommunikationsplattform in Facebook zur Verfügung zu stellen. Hier sind Sie gerne dazu eingeladen, Ihre Meinung, Ihre Anmerkungen und Korrekturen, aber auch Ihre eigenen Erfahrungen und Geschichten, die Sie in Verbindung mit Rhein-Flugzeugbau oder Hanno Fischer gesammelt haben, zu hinterlassen.

Sie erreichen die Facebook-Seite über den Link:

https://www.facebook.com/profile.php?id=100013916941269

Alternativ können Sie uns natürlich auch per Email erreichen:

rheinflugzeugbau@gmail.com

Hanno Fischer[1]

Hanno Fischer
als Gefreiter der Luftwaffe 1943
(001, Sammlung Fischer)

Hanno Fischer wird am 15. November 1924 in Wünschelburg in Schlesien, dem heutigen Radkow, als Sohn von Werner und Elfriede Fischer geboren. Der Vater ist Oberst in der Reichswehr, was die Familie zu häufigen Umzügen zwingt. Von Schlesien zieht die Familie nach Heiligenbeil in Ostpreußen und später ins Sudetenland nach Braunau, dem heutigen Broumov.

Schon in jungen Jahren begeistert sich Hanno Fischer für den Flugzeugmodellbau und das Segelfliegen. Auf der Reichs-Modell-Bauschule „Hoher Meißner" im nordhessischen Velmeden absolviert Fischer einen Lehrgang als Modellbaulehrer. Um 1938 tritt Hanno Fischer in die Flieger-HJ in Neudorf bei Braunau ein. Neben ersten Flugerfahrungen als Segelflieger auf einem SG38 gewinnt er auch Einblicke in den Bau und die Instandhaltung von Flugzeugen. Im Februar 1943 absolviert Hanno Fischer sein Abitur. Er meldet sich danach freiwillig zur Luftwaffe. An der Luftkriegsschule LKS 3 in Wildpark-Werder am Zernsee wird Fischer zum Nachwuchsoffizier der Luftwaffe ausgebildet. Hier sammelt Fischer auch seine ersten Motorflugerfahrungen mit Bücker und Klemm 35. Bereits nach sechs Starts absolviert Fischer seinen ersten Alleinflug mit einem Motorflugzeug. Nach der fliegerischen Grundausbildung wird Hanno Fischer an die Flugzeugführerschule C8 in Wiener Neustadt zur Jagdfliegerausbildung versetzt. Den zweiten Teil seiner Ausbildung absolviert Fischer 1944 beim Jagdgeschwader 108 in Bad Vöslau, das Teil der Flugzeugführerschule A/B 62 ist.

---

[1] Heimatmuseum Köln-Porz, Ausstellung „Hanno Fischer", 2015

Nach der Pilotenausbildung kommt Hanno Fischer Anfang 1945 in die IV. Gruppe des Jagdgeschwader JG3 „Udet“, welche mit gepanzerten Focke-Wulf FW190 als Sturmgruppe in Prenzlau an der Oderfront im Einsatz steht. Hanno Fischer stößt in Strausberg erstmals zu seiner neuen Stammeinheit. Am 25. April 1945 verlässt die Gruppe im Rahmen des allgemeinen Rückzugs Prenzlau. In sieben Tagen geht es über Tutow, Greifswald und Richtenberg nach Rerik. Kurz vor Kriegsende wird Hanno Fischer am 1. Mai 1945 in der Nähe von Jarmen bei Greifswald in einem Luftkampf mit sieben russischen Jak 3 abgeschossen. Mit stehendem Motor absolviert Fischer bei Tutow eine Bauchlandung, die er leicht verletzt übersteht. Am nächsten Tag verlegt er mit seiner Gruppe zum letzten Mal von Rerik auf den Fliegerhorst IV in Westerland auf Sylt.

Als englische Einheiten die Insel am 8. Mai 1945 besetzen, entschließt sich Hanno Fischer zur Flucht. Er erwartet eine jahrelange Gefangenschaft in England zur Wiedergutmachung und will sich daher zu seinen Eltern nach Braunau im Sudentenland durchschlagen. Fischer startet von Sylt mit einer abgestellten Messerschmitt Bf 108. Der Treibstoff reicht bis in die Nähe von Göttingen, wo Fischer innerhalb einer Woche zum zweiten Mal mit eingefahrenem Fahrwerk notlandet. In Zivilkleidung schlägt er sich bis in das amerikanisch besetzte Weimar durch, wo er sich offiziell meldet. Die Amerikaner schöpfen jedoch Verdacht und inhaftieren Fischer am 13. Mai 1945 für drei Wochen im Weimarer Gefängnis. Die Amerikaner übergeben Hanno Fischer danach an die Franzosen. Fischer kommt in das „Camp de Novel“ bei Annecy in Ostfrankreich. Fischer meldet sich als Landarbeiter und wird auf einem Bauernhof bei Annecy untergebracht. Später arbeitet Fischer in einer Uhrenfabrik in Clues. Erst im Februar 1948 wird Hanno Fischer aus französischer Kriegsgefangenschaft entlassen.

Seine Eltern findet Hanno Fischer inzwischen in Anröchte in Westfalen. Dort heiratet der 24-jährige Hanno Fischer 1948 die aus Weimar kommende Erika Richter. Beide siedeln noch im gleichen Jahr nach Köln um, wo sie die nächsten zwei Jahre in Notunterkünften, wie dem ehemaligen preußischen Fort IX, leben. Hier wird auch ihre älteste Tochter Gudrun 1949 geboren. Anfang 1950 bezieht die junge Familie endlich eine Parterrewohnung in der neu errichteten Westhovener Siedlung. Zur Wohnung gehört ein Lagerraum und ein Ladenlokal, in dem Hanno und Erika Fischer einen Spirituosen-Handel für eine schlesische Brennerei eröffnen. Die ebenfalls zur Wohnung gehörende Garage wird beim späteren Bau der FiBo 2 zur Flugzeugwerkstatt umfunktioniert. In Poll kommt Sohn Herwig 1952 zur Welt, Tochter Heidrun folgt 1961 bereits in Mönchengladbach. Neben dem Spirituosen-Handel betreibt Hanno Fischer ein Fernstudium im Fachbereich Maschinenbau, das er 1951 erfolgreich abschließt.

Toni Boretzki in Köln um 1951
(002, Sammlung Fischer)

In der Nachbarschaft von Hanno Fischer in Westhoven wohnt der ehemalige Fluglehrer Toni Boretzki. Boretzki war vor dem Krieg Schreiner und kam während des Kriegs zur Luftwaffen-Ausbildung. Mit Hanno Fischer teilt er die Leidenschaft fürs Fliegen. Als sich 1951 die Freigabe des motorlosen Segelflugs in Deutschland abzeichnet, beginnt der junge Maschinenbautechniker Fischer mit dem Entwurf eines eigenen Segelflugzeugs. Fischer und Boretzki wollen unmittelbar nach Freigabe des Segelflugs durch die alliierte Militärbehörde mit dem Bau des Flugzeugs beginnen.

Hanno Fischers Entwurf ist auch für die damalige Zeit eher ungewöhnlich. Es ist Fischers erste eigene Entwicklungsarbeit als Maschinenbauer. Aber Hanno Fischer verfügt aus der Kriegszeit über umfangreiche fliegerische Erfahrung, die er bei der Auslegung nutzt. Der einsitzige Segler ist mit einem T-Leitwerk ausgestattet. Im Gegensatz zu den meisten Segelflugzeugen der ersten Stunden des bundesdeutschen Segelflugzeugbaus ist das Flugzeug nicht in Holzbauweise ausgeführt, sondern verfügt über einen Metallrahmen. Zur Erprobung seines Entwurfs baut Fischer zunächst ein Modell des Fibo (Fischer-Boretzki), den er auf dem stillgelegten Autobahnteilstück vor der Rodenkirchener Brücke testet.

Obwohl die alliierte Militärregierung 1951 nur den motorlosen Segelflug freigeben will, sieht Fischer in seinem Entwurf bereits die Auslegung als Motorsegler vor. Fischer platziert dafür einen Motorraum hinter der Kabine, den er offiziell als Gepäck- und Balastraum bezeichnet. In diesem Raum soll später ein einfacher Motorrad-Motor als Antrieb untergebracht werden. Vom Motorraum führt eine Fernwelle ins Heck des Flugzeugs, wo ein Zweiblatt-Propeller in einem Spalt im Leitwerk untergebracht ist. Der Zweiblatt-Propeller ist im T-Leitwerk für reine Segelflüge vertikal fixierbar. Auf diese Weise ist die FiBo auf den ersten Blick als motorgetriebenes Flugzeug nicht direkt zu erkennen. Offiziell verfügt sie zwar über die Vorrichtungen für eine spätere Motoraufrüstung, bleibt aber ohne Motor ein Segelflugzeug. Auch die aerodynamischen Eigenschaften der Luftschraube im Leitwerksspalt erprobt Hanno Fischer zunächst mit dem FiBo-Modell.

Flugversuche vor der Rodenkirchener Autobahnbrücke mit FiBo-Modell 1951
(003, Sammlung Fischer)

Auf Grund der Modellversuche überarbeitet Hanno Fischer den FiBo-Entwurf noch einmal grundsätzlich. Der neue Entwurf erhält die Bezeichnung FiBo 2. Das Flugmodell wird später als FiBo 1 bezeichnet. Beide Entwürfe unterscheiden sich vor allem in der Auslegung des Rumpfbereichs voneinander. Für die FiBo 2 führt Hanno Fischer schließlich die Detailkonstruktion aus. Als die alliierte Militärbehörde am 1. September 1951 den Bau und Betrieb von Segelflugzeugen auf dem Gebiet der Bundesrepublik Deutschland freigibt, hat Hanno Fischer die Konstruktionsarbeiten an der Fischer-Boretzki FiBo 2 fast fertiggestellt. Im Winter 1951/52 beginnen Hanno Fischer und Toni Boretzki in Fischers Garage in der Amselstraße in Westhoven mit dem Prototypen-Bau der FiBo 2.

Die Konstruktion des FiBo 2 besteht aus einem Stahlrohrrumpf mit ovalem Querschnitt und Stoffbespannung. Das freitragende Schulter-Tragwerk ist in Aluminium ausgeführt. Zunächst ist die FiBo als Einsitzer ausgelegt. Das Leitwerk ist wie bei der FiBo 1 in Form eines hochgelagerten T-Leitwerks ausgeführt, in dem ein Druckpropeller in einem Spalt angeordnet ist.

Fischer und Boretzki beginnen mit dem Teilebau. Unterstützt werden die beiden von Nachbarn, die Erfahrungen in der Metallverarbeitung haben. Obwohl die FiBo 2 Struktur in Metall ausgeführt ist, übernimmt der gelernte Schreiner Toni Boretzki die Bauleitung. Anfänglich findet der Bau noch im Schutz der Garage von Hanno Fischer statt. Die immer größer werdenden Baustrukturen können aber bald nur noch im Freien auf der Straße vor der Garage unter den Augen der Öffentlichkeit bearbeitet werden. Als offizielles Segelflugzeug drohte der FiBo 2 von Seiten der Militärbehörden aber zunächst keine Gefahr, auch wenn sich ihre aufwendige Struktur deutlich von den zu dieser Zeit üblicherweise entstehenden Holzseglern unterscheidet.

Während die Mittel der Garagenwerkstatt für den Aufbau der Rohrholmstruktur der Zelle ausreichen, greift Fischer für die Herstellung der Strukturbauteile des Tragflügels auf einen erfahrenen Metallbaubetrieb zurück. Die Fertigung dieser Bauteile übernehmen die Vereinigten Aluminiumwerke Ristau, Pieper & Co. in Lüdenscheid. Eigentlich war die Nachkriegsproduktion dieses Unternehmen auf die Fertigung von Haushalts- und Küchengeräten aus Aluminium spezialisiert. Dennoch waren die Presswerkzeuge ausreichend groß dimensioniert, um die Spanten und Längsholme nach Fischers Vorgaben zu fertigen. Die Montage des Flügels erfolgt vor Fischers Garage auf der Straße in Westhoven.

Bau der FiBo 2 Tragfläche auf der Straße in Westhoven, 1952 (005, Sammlung Fischer)

Mit Beginn der Arbeiten an der illegalen Motorisierung kommt das Projekt in eine kritische Phase. Während man bei Inspektionen durch die englischen Militärbehörden den Motorraum noch als Gepäckraum deklarieren konnte, musste der Umbau des vorgesehenen Motorrad-Motors in der verschlossenen Garage erfolgen. Fischer verwendet den 15 PS DKW Motor seines Motorrads als Ausgangsbauteil. Diesen Motor baut er in einen Flugmotor um und bereitet ihn zum Antrieb der Fernwelle vor. Spätestens als Fischer mit dem Test des Motors beginnt, werden die englischen Militärbehörden aufmerksam, zumal sich Anwohner über den ständigen Motorlärm während der Testläufe beschweren. Mehrfach kündigen sich die Behörden zu einer Inspektion des Flugzeugs an. Zum Teil erfolgen unangekündigte Razzien, vor denen Fischer und Boretzki im Vorfeld gewarnt wurden. Jedes Mal können sie den Motor rechtzeitig ausbauen und zu verstecken. Allerdings erregen die Montagestellen und Ölflecken im Motorraum bei den Inspektionen die Aufmerksamkeit der Engländer. Es gelingt den englischen Militärbehörden jedoch nicht, Fischer und Boretzki die illegale Verwendung eines Motors in dem Flugzeug nachzuweisen. Dies hätte dann eine sofortige Beschlagnahmung und Zerstörung der FiBo 2 zur Folge gehabt.

Grundsätzlich war der Entwurf eines Motorseglers Anfang der fünfziger Jahre nicht neu. Schon 1937 hatte Wolf Hirth ein Patent auf ein Segelflugzeug mit Hilfstriebwerk beantragt. Auch die Anordnung der Luftschraube im Rumpf war bereits 1940 von Hans Wünscher mit einem Patent geschützt worden. Fischer konkretisiert diese Vorkriegspatente hinsichtlich der Anordnung des Triebwerks im Rumpf. Noch während des Baus der FiBo 2 reicht Hanno Fischer am 16. Januar 1952 hierfür sein erstes Patent ein, das nach Freigabe des Motorflugzeugbaus im Januar 1956 unter der Nummer DE937744C erteilt wird.

BUNDESREPUBLIK DEUTSCHLAND

AUSGEGEBEN AM
12. JANUAR 1956

DEUTSCHES PATENTAMT

PATENTSCHRIFT

№ 937 744

KLASSE 62c GRUPPE 12 01

F 8123 XI / 62c

Hans Otto Fischer, Westhoven bei Porz/Rhein
ist als Erfinder genannt worden

Hans Otto Fischer, Westhoven bei Porz/Rhein

Segelflugzeug mit im Rumpf eingebautem Hilfstriebwerk

Patentiert im Gebiet der Bundesrepublik Deutschland vom 16. Januar 1952 an
Patentanmeldung bekanntgemacht am 8. Juni 1955
Patenterteilung bekanntgemacht am 15. Dezember 1955

Patent-Deckblatt des ersten Patents DE937744 von Hanno Fischer von 1952

Toni Boretzki war inzwischen an Tuberkulose erkrankt. Sein Zustand verschlechterte sich drastisch und schränkte ihn bei seiner Arbeit an der FiBo 2 ein. Gelegentlich erhielt Fischer inzwischen Unterstützung von Günther Hausmann. Hausmann war selbst Segelflieger und hatte einen Gleiter im Eigenbau erstellt, den er mit Hanno Fischer im Bergischen Land erprobt hatte. Anfang 1953 ist der FiBo 2 fertig. Die Erprobung beginnt im Frühjahr 1953 auf der gesperrten Autobahn A4 zwischen Gremberg und der Rodenkirchener Rheinbrücke, die zu dieser Zeit noch nicht wieder instandgesetzt war. Das Flugzeug war auf den Namen „Ostwind" getauft worden. Taufpate war Paul Adenauer, der Sohn des Bundeskanzlers Konrad Adenauer. Paul Adenauer war seit 1951 Kaplan in Porz.

Erstflug der FiBo 2 auf der A4 an der Rodenkirchener Brücke 1953 (008, Sammlung Fischer)
(von links: unbekannt, Toni Boretzki, unbekannt, Seidel, Fischer (im Cockpit),
Pusch, Meier und Niesel)

Spätere Flugaufnahme der umgebauten Fischer-Boretzki FiBo 2a
(009, Sammlung Fischer)

Der kleine Motorrad-Motor reicht für einen Start der FiBo 2 nicht aus. Sie muss am Boden mit einem Auto angeschleppt werden. Erst in der Luft bringt der Motor die notwendige Leistung, um das Flugzeug vorwärts zu bringen. Auch wenn dieser erste Motorflug der FiBo 2 auf der A4 abgeschirmt von der Öffentlichkeit erfolgte, dürfte es sich um den ersten Motorflug eines deutschen Nachkriegs-Flugzeugs gehandelt haben. Zumindest aber gehört die FiBo 2 neben der HD53 von Heini Dittmar zu den beiden ersten „illegalen" Motorflugzeugen in Deutschland, die beide ihren Erstflug 1953 hatten. Erst zwei Jahre später geben die Militärbehörden dem Motorflug in Deutschland offiziell wieder frei.

Weitere Erprobungsflüge im Schlepp und Freiflug finden auf Feldern in der Nachbarschaft Westhovens statt. Als Fischer und Hausmann den kleinen 15 PS Motor gegen einen 30 PS starken DKW Zweitakter tauschen, ist der FiBo auch in der Lage ohne vorherigen Motorrad-Schlepp zu starten. Der erste Alleinstart des Fibo findet auf der Ringstraße des stillgelegten Luftwaffen-Flugplatzes in Köln-Ostheim statt.

Als Fischer bei einem seiner Flüge von den Militärbehörden erwischt wird, untersagen sie ihm weitere Erprobungsflüge. Fischer legt Einspruch mit der Begründung ein, dass der Motor in der FiBo 2 eine reine Verzierung sei und nicht zum Antrieb des Flugzeugs diene. Danach lässt sich Fischer mit dem Motorrad hochziehen und schaltet erst im Flug den DKW-Motor hinzu. Aber auch dabei wurde Fischer erwischt, weil die Fehlzündungen beim Anlassen des DKW-Motors auch am Boden zu hören waren. Fischer musste die weitere Erprobung in Köln zunächst einstellen.

Bernhard Schulze-Wilmert (010)

Während der Erprobung der FiBo 2 lernt Hanno Fischer Bernhard Schulze-Wilmert kennen. Schulze-Wilmert ist an der Vermarktung einer zweisitzigen Variante der Fibo 2 interessiert. Fischer beginnt daraufhin mit der Modifikation des Prototypen. Bei der Auslegung der FiBo 2 hatte Fischer den Schwerpunkt des Flugzeugs für ein Segelflugzeug ohne Motor ausgelegt. Wurde der Motor im Gepäckraum eingebaut, mussten im Bug Sandsäcke als Ausgleichslast aufgenommen werden. Um auf diese Sandsäcke verzichten zu können, beabsichtigte Hanno Fischer ohnehin den Rumpf nach vorne zu verlängern. Fischer brachte den von Schulze-Wilmert geforderten zweiten Sitz in der Rumpfverlängerung hinter dem Pilotensitz unter. Gleichzeitig verlagerte Fischer das Fahrwerk und das Heckrad. Im August 1953 liegt der neue zweisitzige Entwurf der verlängerten FiBo 2 vor, das nun als FiBo 2a bezeichnet wird. Während die FiBo 2 noch ein mit einem Motor aufgerüstetes Segelflugzeug war, ist die FiBo 2a auslegungsseitig ein wirklicher Motorsegler. Bernhard Schulze-Wilmert finanziert den Umbau der FiBo 2 und wird von Fischer dafür als Teilhaber der Entwicklung aufgenommen. Da Toni Boretzki auf Grund seiner Erkrankung als Bauleiter für den Umbau ausfällt, vergibt Fischer den Umbau an die Vereinigten Aluminiumwerke Ristau, Pieper & Co in Lüdenscheid, die bereits die Teile für den Metalltragflügel gefertigt hatten.

Bernhard Schulze-Wilmert erweitert die Gespräche mit den Vereinigten Aluminiumwerken Ristau um die Aufnahme einer Serienproduktion des FiBo 2a. Da

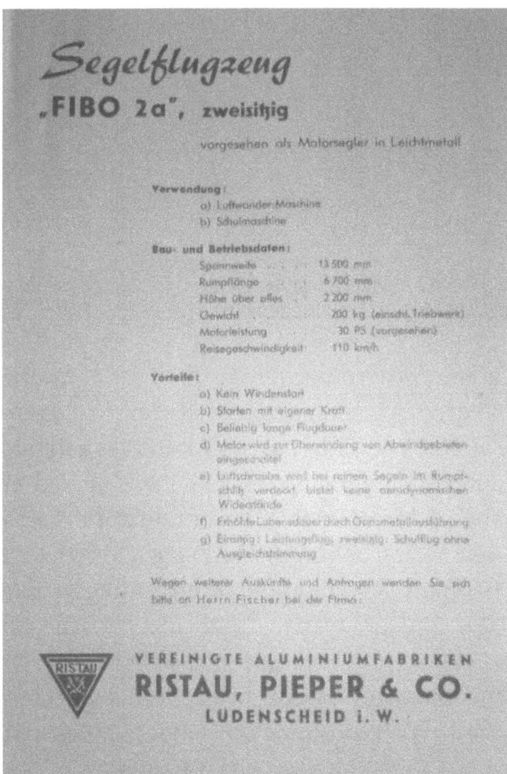

der Bau von Motorflugzeugen zu dieser Zeit in Deutschland aber noch verboten war, soll der Serienbau als Segelflugzeug beginnen. Bei den Vereinigten Aluminiumwerken besteht Interesse an einem neuen Standbein in der frisch aufkeimenden deutschen Luftfahrt-Industrie. Fischer und Schulze-Wilmert übernehmen die Verantwortung für die Entwicklung und spätere Zulassung des Flugzeugs, während die Vereinigten Aluminiumwerke Ristau für Bau und Vermarktung die Verantwortung tragen. Die Vereinigten Aluminiumwerke erwerben dazu eine Produktionslizenz von Fischer und Schulze-Wilmert, über die die beiden an den Erlösen der verkauften Serienmaschinen partizipieren. In Lüdenscheid beginnen bereits die Vorbereitungen für die Vermarktung und den Vertrieb der FiBo 2a. Das Flugzeug wird als Segelflugzeug „vorgesehen als Motorsegler“ in Werbeblättern von 1954 beworben.

FiBo 2a in der Amselstrasse in Poll mit Meier,
Boretzki (im Cockpit) und Fischer (012, Sammlung Fischer)

Doch die englischen Militärbehörden werden erneut auf die FiBo 2a aufmerksam. Bei einer Inspektion der Vereinigten Aluminiumwerke Ristau in Lüdenscheid entdecken sie das im Umbau befindliche Flugzeug und beschlagnahmen es auf Grund seiner Vorrüstung für den verbotenen Motorflug. Zwar gelingt es Hanno Fischer sein Flugzeug wieder frei zu bekommen. Den Vereinigten Aluminiumwerken untersagen die englischen Militärbehörden aber jegliche weitere Aktivität im Flugzeugbau. Das Unternehmen gibt daraufhin die Planungen zum Aufbau einer Serienfertigung der FiBo 2a auf. Fischer und Schulze-Wilmert stellen die FiBo 2a mit dem zeitweise genesenen Toni Boretzki selbst fertig. Da auch Hanno Fischer inzwischen unter ständiger Beobachtung der englischen Militärbehörden steht, entschließt er sich, die Erprobung der FiBo 2a außerhalb von Köln durchzuführen und verlagert das Flugzeug nach Bonn-Hangelar.

In Hangelar findet im August 1954 ein offizieller Segelflugtag statt. Hanno Fischer meldet die modifizierte, noch nicht geflogene FiBo 2a in Hangelar für eine Flugvorführung offiziell an. Der Kölner Stadt-Anzeiger unterstützte das Vorhaben Fischers mit 2000 DM. Die FiBo 2a erhält am Leitwerk einen Werbeschriftzug des Kölner Stadt-Anzeigers. Im Vorfeld des Flugtages berichtet der Kölner Stadt-Anzeiger ausführlich über Fischers FiBo 2. Auch andere Zeitungen berichten über die ersten illegalen Motorflüge in Deutschland mit einem nicht zugelassenen Flugzeug. Vermutlich hat auch der Flugplatz-Kommandant in Hangelar Kenntnis von diesen Artikeln. Er verweigert der FiBo 2 den Start. Fischer behauptet allerdings in der Diskussion, dass er eine Sonder-Genehmigung für den Flug vom englischen Oberkommando in Mönchengladbach habe. In einem fingierten Telefonat mit dem Oberkommando in Mönchengladbach bestätigt Fischer im Beisein des Flugplatzkommandanten am Telefon, dass er die Sondergenehmigung zu einer Platzrunde in Hangelar habe und bedankt sich hierfür. Der Flugplatz-Kommandant gibt daraufhin die FiBo 2 zum Start frei. So kann die FiBo 2a in Hangelar nicht nur ihren ersten Versuchsflug absolvieren, sondern sie wird im August 1954 auch erstmals öffentlich mit Motor geflogen.

Hanno Fischer mit seiner Frau Erika und FiBo 2a in Bonn-Hangelar
(013, Sammlung Fischer)

Fischer und Schulze-Wilmert wenden sich zu dieser Zeit schon einem neuen Projekt zu, der Entwicklung der späteren RW-3. Die FiBo 2a wird zunächst bei Günther Hausmann in Ostheim eingelagert. Toni Boretzki stirbt an seiner Tuberkulose-Erkrankung während eines Sanatorium-Aufenthalts in Marienberg.

Luftfahrthistorisch war die FiBo 2 nach dem Ende des zweiten Weltkriegs vermutlich 1953 das erste in der Bundesrepublik Deutschland gebaute und geflogene Motorflugzeug. Die FiBo 2 war aber nicht das einzige Flugzeug, dass zu dieser Zeit bereits als Motorsegler ausgelegt wurde. Auch die Entwürfe von Heini Dittmar oder Fritz Raab aus der Zeit vor 1955 sahen eine spätere Ausrüstung mit Motoren vor. Sie wurden bis 1955 ausschließlich ohne Motor in Kleinserien gebaut und nach Freigabe des Motorflugs 1955 aufgerüstet.

Nach der gescheiterten Serienaufnahme bei den Vereinigten Aluminiumwerken Ristau bleibt die FiBo 2 ein Einzelstück. Das Flugzeug wird später an einen Interessenten verkauft, der die Maschine weiterentwickeln möchte. Dies scheint aber nicht mehr realisiert worden zu sein. Vermutlich wurde das erste bundesdeutsche Motorflugzeug später zerlegt. Der FiBo 2 ist der Beginn einer konsequent über Jahrzehnte von Hanno Fischer fortgeführten Entwicklungslinie, deren prinzipielle Entwurfselemente kontinuierlich weiterentwickelt wurden und auch in den späteren Entwürfen vom RW-3 bis zu den finalen Fanliner- und Fantrainer-Entwürfen der siebziger und achtziger Jahre wiederzufinden sind.

Fischer-Boretzki	Fibo 2	FiBo 2a
Besatzung	1	2
Länge		6,80 m
Spannweite	13,90 m	13,90 m
Flügelfläche	16,70 m²	16,70 m²
Höhe	2,15 m	2,15 m
Leermasse		200 kg
Max. Startmasse	300 kg	400 kg
Höchstgeschwindigkeit		135 km/h
Triebwerk	30 PS DKW	

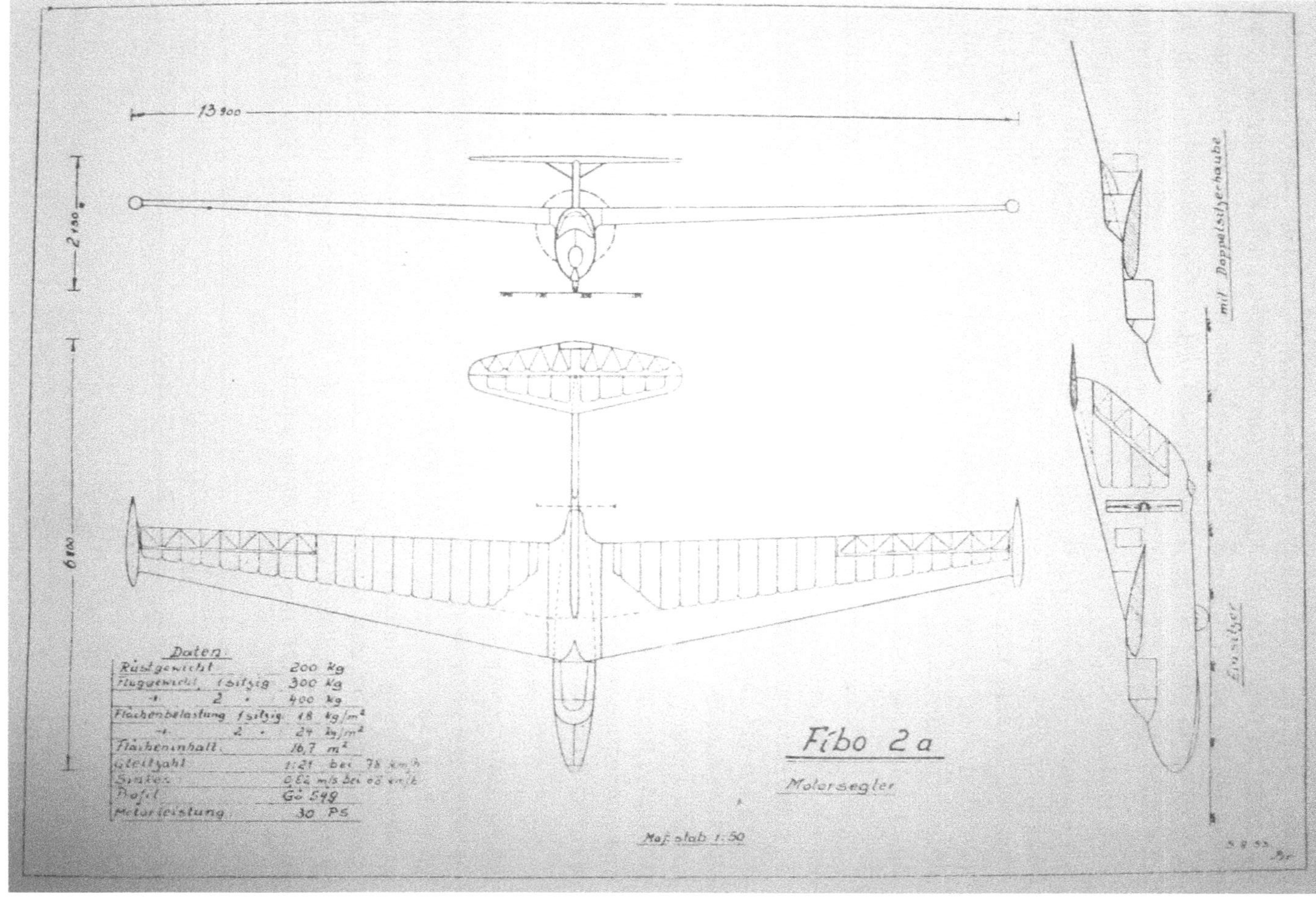
13900
2100
6800
Daten
Rüstgewicht 200 kg
Fluggewicht 1sitzig 300 kg
" 2 " 400 kg
Flächenbelastung 1sitzig 18 kg/m²
" 2 " 24 kg/m²
Flächeninhalt 16,7 m²
Gleitzahl 1:21 bei 78 km/h
Sinken 0,68 m/s bei 80 km/h
Profil Gö 549
Motorleistung 30 PS
Fibo 2a
Motorsegler
Maßstab 1:50
mit Doppelsitzerhaube
Einsitzer

Nachdem sich die Vereinigten Aluminiumwerke Ristau nach der Intervention der englischen Militärbehörden aus der geplanten Serienfertigung der FiBo 2a zurückgezogen hatten, beabsichtigen Hanno Fischer und Bernhard Schulze-Wilmert eine Serienproduktion in eigener Verantwortung. Beide gründen in Porz-Westhoven 1954 die Rhein-Westflug Fischer & Co. Sitz der Firma ist die Wohnung von Hanno Fischer in der Amselstrasse 5. Finanzieller Geldgeber für die anstehenden Flugzeugentwicklungen ist Bernhard Schulze-Wilmert. Hanno Fischer übernimmt die Rolle des technischen Geschäftsführers.

Hanno Fischer überarbeitet den FiBo 2 Entwurf nochmals unter fertigungstechnischen Gesichtspunkten und beginnt mit der Planung des Serienbaubetriebs. Inzwischen deutet sich aber bereits die bevorstehende Freigabe des Motorflugs in Deutschland an. Hanno Fischer gibt den Entwurf der FiBo 2 daher auf und beginnt mit der Entwicklung eines neuen leistungsstarken Motorseglers, der allerdings die wesentlichen Merkmale des FiBo 2a verwendet. Als die Pariser Verträge im Mai 1955 das Bauverbot von Motorflugzeugen in Deutschland beenden, hat Hanno Fischer den Entwurf des neuen Motorseglers unter der Bezeichnung RWF RW-3 bei Rhein-Westflug bereits abgeschlossen.

Mit der Aufhebung des Bauverbots von Motorflugzeugen entstehen in der Bundesrepublik 1955 eine ganze Reihe von neuen Luftfahrzeugbaubetrieben. Bernhard Schulze-Wilmert und Hanno Fischer kehren daher zu ihrer ursprünglichen Idee der Vergabe von Produktionslizenzen für die von ihnen entwickelten Flugzeugmuster zurück. Rhein-Westlfug konzentriert sich daher auf die Rolle als entwicklungstechnischer Betrieb, in dem Hanno Fischer seine Entwürfe einschließlich Prototypen-Erprobung und Zulassung bis zur Serienreife führt. Bernhard Schulze-Wilmert übernimmt die Vermarktung von Baulizenzen.

Die Rhein-Flugzeugbau GmbH in Krefeld wird 1956 der erste und einzige Lizenznehmer für den Nachbau der Rhein-Westflug RW-3. Hanno Fischer begleitet die Einführung des Flugzeugmusters bei Rhein-Flugzeugbau bis 1958 und übernimmt später die technische Leitung des Unternehmens. Weitere Entwürfe entstehen dann nicht mehr bei Rhein-Westflug sondern bei Rhein-Flugzeugbau.

Die bei Rhein-Westflug seit 1954 entwickelte RW-3 Multoplan ist ein zweisitziger Mitteldecker, der als Mehrzweckflugzeug zum Einsatz kommen soll. Das Flugzeug vereint die Belange eines wirtschaftlichen Reiseflugzeugs mit denen eines kunstflugtauglichen Motorseglers.

Das Triebwerk ist wie bei der FiBo komplett im Rumpf hinter dem Cockpit untergebracht und treibt über eine Fernwelle den Druckpropeller, der in einem Rumpfschlitz vor der Seitenflosse integriert ist. Als Motor ist ein leistungsstarker Porsche 678/0 Motor mit 65 PS vorgesehen. Der Rumpf ist als Stahlrohr-Konstruktion ausgeführt, die im vorderen Bereich mit Kunststoffschalen verkleidet wird, während der hintere Teil stoffbespannt ist. Die Verwendung von Kunststoffteilen ist die erste GFK-Anwendung im Flugzeugbau. Leitwerk und der einholmige, negativ-gepfeilte Flügel sind als Ganzmetall-Konstruktion ausgeführt. Nur die Ruderflächen sind stoffbespannt. Um das Flugzeug sowohl für den normalen Reise- und Segelflug als auch für Kunstflüge nutzen zu können, gestaltet Fischer den Ganzmetallflügel flexibel. Er besteht aus vier leicht trennbaren Segmenten, von denen die beiden 2,50 Meter langen Außenflügel-Segmente optional montiert werden können. Auf diese Weise variiert die nutzbare Spannweite der RW-3 zwischen 11 und 16 Metern. Für den normalen Reise- und Segelflug bis 4,4g werden die beiden äußeren Segmente montiert, während für Kunst- und reine Motorflüge bis 6g die Außenflügel abgenommen werden. Bei den kurzen Tragflächen werden Randkeulen am Flügelende montiert, die zusätzlich 30 Liter Kraftstoff aufnehmen können. Um den Abtransport des Motorseglers bei Außenlandungen zu ermöglichen, können auch die inneren Tragflächen schnell demontiert und stehend am Rumpf montiert werden. Mit einer Schleppstange kann die RW-3 an einen PKW angehängt auf dem eigenem Dreibein-Fahrwerk transportiert werden oder platzsparend in einer Flugzeughalle untergebracht werden.

Bei der Entwicklung greift Hanno Fischer auf die Unterstützung des Flugtechnischen Ingenieurbüros Gerhard Siegel in Gauting zurück. Siegel war vor dem Zweiten Weltkrieg als Segelfluglehrer aktiv und hatte zahlreiche technische Fliegerbücher veröffentlicht. Er war Statiker und Dozent für Flugzeugbau. Zuletzt hatte Siegel in Madrid für Dornier an der Entwicklung der Do 27 teilgenommen. Für das luftrechtliche Zulassungsverfahren berechnet Siegel die Statik und Festigkeit des RW-3 Entwurfs. Siegel arbeitet zeitgleich auch an der Entwicklung des Konkurrenzmusters Motorraab mit.

Die Auslegung des Fahrwerks vergibt Fischer an Herbert Gomolzig in Wuppertal[2]. Gomolzig hatte sich in Zeiten des Bauverbots mit der Konstruktion von Kraftfahrzeugen beschäftigt. Der Gomolzig Taifun wurde 1949 der Öffentlichkeit vorgestellt, ein Fahrzeug, das seiner Zeit weit voraus war und über zahlreiche Innovationen, unter anderem Flügeltüren verfügte. Seit 1952 betrieb Herbert Gomolzig in Wuppertal ein Ingenieurbüro, das sich auf Flugzeug- und Maschinenbau spezialisierte. Im Jahr 1954 nahm Gomolzig in Wuppertal-Barmen in der Dahlerstr. 28 die Lizenzfertigung von Segelflugzeugen, wie Grunau Baby V auf. Gomolzig sieht für die RW-3 einen Entwurf für ein einziehbares Dreibein-Fahrwerk mit Bugrad vor. Durch den im Leitwerk integrierten Propeller kann das Fahrwerk auffällig kurz gestaltet werden. Später übernimmt Gomolzig auch noch die Auslegung der Kunststoffnase der RW-3 und die Montage der Prototypen.

RW3 Fahrwerk von Gomolzig
(014, RWF-Prospekt)

RW3 Cockpit Layout (015, RWF-Prospekt)

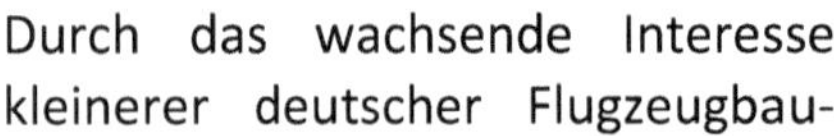

Durch das wachsende Interesse kleinerer deutscher Flugzeugbaufirmen an Porsche Motoren beginnt Porsche ab 1955 mit der Entwicklung eigener Flugzeugmotore unter der Bezeichnung 678. Dieser Flugmotor basierte auf dem KFZ-Motor aus der Porsche 356 Serie. Hanno Fischer sieht diesen Motor für seine RW-3 vor. Es dauert allerdings noch bis zum 1. März 1957 bis Porsche diesen ersten Luftfahrtmotor 678/0 der Öffentlichkeit vorstellt.

---

[2] Gomolzig Facebook-Auftritt

Fischer greift daher für seinen RW-3 Prototypen zunächst auf einen KFZ-Motor von Porsche zurück und modifiziert diesen zur Nutzung als Flugantrieb. Fischer untersucht für den RW-3 Prototypen die luftgekühlten Vierzylinder-Boxermotore Typ 527, 528 und 546 mit 45 ccm und 45-50 PS, die bei Porsche seit 1951 für die Personenwagen produziert wurden. Diese Motore erweisen sich für die schwere RW-3 als unterdimensioniert. Sie werden daher nur für die ersten Testflüge im Prototyp verwendet und sollen später gegen den Flugmotor Porsche 678 ausgetauscht werden. Für die Serienvariante werden dann die Flugmotore 678/3 und 678/4 von Porsche untersucht. Der Porsche 678/3 mit einer Leistung von 65 PS kommt 1958 in den ersten Serienflugzeugen zum Einsatz. Diese Motorvariante erweist sich aber für den schweren Motorsegler ebenfalls als unterdimensioniert. Erst mit dem Porsche 678/4 mit 75 PS Leistung erreichen die RW-3 Serienflugzeuge ab 1959 ein akzeptables Leistungsniveau.

Porsche 678 Flugmotor (016, RFB-Prospekt)

Die Detail-Konstruktion des RW-3 Prototypen war bereits wenige Tage nach Aufhebung des Bauverbots im Mai 1955 abgeschlossen. Für den Bau des Prototypen reicht die alte Garagenwerkstatt von Hanno Fischer in Porz aber nicht mehr aus. Durch die Fahrwerksentwicklung arbeitete Hanno Fischer bereits mit Herbert Gomolzig in Wuppertal zusammen. Er verfügte in Wuppertal über eine Werkstatt, in der er Segelflugzeuge in Serie baute. Fischer vergibt daher den Bau des RW-3 Prototypen an Herbert Gomolzig. Der RW-3 Prototyp entsteht daraufhin im Sommer 1955 in Wuppertal-Barmen. Unterstützt wird Gomolzig von einer Segelflugbaugruppe des Aero Club in Essen-Mühlheim, die Rippenschablonen und Umschlaghölzer für den Prototyp herstellen. Die Baugruppe des Aeroclubs erwirbt übrigens später die bereits hergestellten Bauteile für einen der letzten bei RFB vorgesehenen RW-3 und stellt diesen in einem mehrjährigen Eigenbau in Essen-Mühlheim fertig.

Der Prototyp unterscheidet sich von der späteren Serienmaschine durch eine durchgehende Tragfläche ohne abnehmbare Außenflügel. Erst beim späteren zweiten Prototyp kommt die abnehmbare Außenflügelvariante zum Einsatz.

RW-3 Prototypenbau in Wuppertal 1955 (017, R. Moll)

RW-3 Prototyp D-EJAS 1955 (018, RWF-Prospekt)

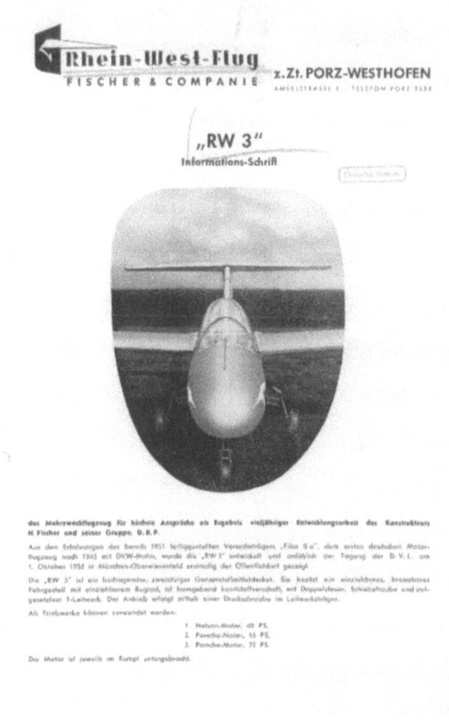

Rhein-Westflug RW-3 Verkaufsprospekt (019)

Schon im September sind die zellenseitigen Arbeiten bei Gomolzig abgeschlossen. Der erste Flug des Prototypen findet am 7. September 1955 in Köln-Wahn statt. Grundsätzlich fliegt Hanno Fischer seine Flugzeuge beim Erstflug selbst und führt später auch große Teile der Flugerprobung durch. Hanno Fischer ist ausgebildeter Testpilot und hält für die Prüf- und Erprobungsflüge die notwendigen Lizenzen. Kurze Zeit später wird das Flugzeug als D-EJAS zugelassen.

Auf einer Tagung der D.V.L. in München-Oberwiesenfeld am 1. Oktober 1955 stellen Fischer und Gomolzig den RW-3 Prototypen den Teilnehmern als erstes deutsches Motorflugzeug der Nachkriegszeit vor.

Schulze-Wilmert und Fischer beginnen zu dieser Zeit mit der Vorbereitung des Marketing für das Flugzeugs. Die RW-3 erhält den Typennamen *„Multoplan"*, eine Wortschöpfung aus der Esperanto-Sprache, die die vielseitigen Einsatzmöglichkeiten des Flugzeugs unterstreicht. Das Flugzeug soll zu Preisen zwischen 16.000 und 19.000 DM in drei Grundversionen angeboten werden:

- RW-3-A1 Motorsegler
- RW-3-A2 Schulversion
- RW-3-A3 Kunstflug

Fischer meldet den RW-3 Prototypen zu mehreren Flugtagen an. Am 3. Juni 1956 wird das Flugzeug vor 200.000 Zuschauern beim „Flugtag der Nationen" auf dem Butzweilerhof in Köln präsentiert. Ende Juni soll die D-EJAS auf dem ersten Deutschlandflug nach Ende des zweiten Weltkriegs in Bonn Hangelar mit 87 Mitbewerbern an den Start gehen. Die erste Etappe führt am Eröffnungstag von Bonn nach Braunschweig. Die D-EJAS soll am 22. Juni 1956 noch vor dem eigentlichen Start zum Deutschlandflug einen Demonstrationsflug in Hangelar absolvieren. Dabei kommt es bei abgestelltem Motor zur Bodenberührung mit einer Tragfläche während eines Steilkurvenflugs. Das Flugzeug wird erheblich beschädigt. Der Pilot Meyer bleibt glücklicherweise unverletzt. Ein Start zum Deutschlandflug 1956 mit der RW-3 ist aber nicht mehr möglich.

Da der Wiederaufbau der Maschine zu aufwendig ist, beauftragt Rheinwest-Flug bei Gomolzig den Bau eines weiteren Prototypen. Fünf Monate nach dem Absturz startet die zweite RW-3 in Köln-Növernich am 8. November 1956 zum Erstflug. Sie erhält die Zulassung D-EKUM. Am 15. März 1957 wird die D-EKUM am Flughafen Düsseldorf der Öffentlichkeit vorgestellt.

RWF RW3-V2 Prototyp D-EKUM (020, Sammlung Fischer)

Die öffentlichen Auftritte dienen weniger dazu, das Kaufinteresse individueller Käufer zu wecken, sondern sie sollen vor allem das Fachpublikum auf das serienreife Flugzeug aufmerksam machen, für das Fischer und Schulze-Wilmert einen Lizenznehmer suchen. Um ihre Entwicklung gegen eine unerlaubte Übernahme durch Dritte oder aber auch den Lizenznehmer zu schützen, reichen Fischer und Schulze-Wilmert zur Vorbereitung der Lizenzvergabe verschiedene Patentanträge beim Deutschen Patentamt ein. Die Konstruktion eines Motorflugzeugs mit T-Leitwerk wird unter der Patentnummer DE1034037B am 5. September 1956 für Rhein-Westflug Fischer & Co. bzw. Hanno Fischer und Bernhard Schulze-Wilmert in das deutsche Patentregister eingetragen. Die Veröffentlichung des Patents erfolgt im Sommer 1958. Neben seinem FiBo-Patent von 1952 referenziert Fischer ein Patent von Daimler Benz aus dem Jahr 1944 über ein elastisch an der Flugzeugzelle hängendes Triebwerk mit Fernwellen-Träger und ein US-Patent aus dem Jahr 1946 von Murray und Riley über eine variable Flügelfläche. Auch die Beschreibung ausgewählter Produktionsprozesse lassen sicher Fischer und Schulze-Wilmert schützen. Am 23. Januar 1957 wird der Produktionsprozess von Trag- und Leitwerksflächen unter der Patentnummer DE1059770B geschützt.

Im Herbst 1956 finden Fischer und Schulze-Wilmert den erhofften Lizenznehmer für ihr Flugzeug. Die von Willi Käther im Sommer 1956 in Krefeld gegründete Rhein-Flugzeugbau sucht nach einem geeigneten Einstiegsmuster zum Aufbau seiner Flugzeugproduktion und wird auf die RW-3 aufmerksam. Rhein-Flugzeugbau wird Lizenznehmer bei Rhein-Westflug für eine erste Batch von 25 Flugzeugen des Typs RW-3. Im Rahmen des Lizenzvertrags verpflichtet sich Rhein-Westflug die sich zu dieser Zeit noch stetig verändernden Anforderungen an die Musterzulassung zu erfüllen und Rhein-Flugzeugbau beim Aufbau der Produktionslinie und des Marketings zu unterstützen.

Als die alten deutschen Bauvorschriften für Flugzeuge BVF am 31. August 1957 per Verordnung außer Kraft gesetzt und durch Regelungen gemäß der amerikanischen CAR-Bestimmungen ersetzt werden, muss Hanno Fischer für die RW-3 eine neue CAR-Nachweisführung über die Betriebssicherheit des Flugzeugs beim Luftfahrtbundesamt vorlegen. Die rechnerische Nachweisführung war mit den Berechnungen von Gerhard Siegel weiterhin gültig. Allerdings musste Hanno Fischer nach den neuen Bestimmungen die theoretischen Daten in Erprobungsflügen praktisch nachweisen und in einer Dokumentation aufbereiten.

Die praktische Nachweisführung findet mit der D-EKUM schon im Frühjahr 1957 auf dem Flughafen Köln-Wahn statt, wo Hanno Fischer inzwischen einen Hallenplatz für sein Flugzeug angemietet hat. Zeitweise verlagert Hanno Fischer die Rhein-Westflug von Porz nach Wahn und benennt sein Unternehmen in Rhein-Westflug Porz-Wahn um. Noch vor Inkraftsetzung der neuen Zulassungsverordnung beendet Hanno Fischer im August 1957 das Erprobungsprogramm. Auf Basis der Ergebnisse des Flugprogramms erstellt Fischer in den folgenden Monaten Flugbetriebsanweisungen für die RW-3 und ein Betriebs- und Wartungshandbuch, das zusammen mit der Porsche Motordokumentation für den 678/0 Grundlage für die Instandhaltung des Flugzeugs ist. Grundsätzlich muss Fischer die Nachweisführung für jedes der drei RW-3 Grundmuster –A1, -A2 und –A3 vorlegen. Da die Leistungsdaten des Motorseglers und der Schulversion aber identisch sind, hatte Fischer diese beiden Varianten bereits im Sommer 1957 unter einer neuen Grundmusterbezeichnung zusammengefasst:

- RW-3a ehemalige RW-3-A3,
  kunstflugtauglich mit kurzer Tragfläche
- RW-3b ehemalige RW-3-A1 und -A2
  Motor- und Schulseglerversion mit langer Tragfläche

Fischer legt die letzten Dokumente der neuen Nachweisführung im Oktober 1958 dem Luftfahrtbundesamt zur Genehmigung vor. Da das neue Luft-Verkehrs-Gesetz aber erst am 10. Januar 1959 in Kraft tritt, verzögert sich die Musterzulassung um fast ein Jahr. Erst am 20. August 1959 erteilt das LBA die Musterzulassung 509/SA für die RW-3 formal für Rhein-Westflug Fischer & Co. Die Musterzulassung ist auch 2016 noch gültig und wurde zuletzt 2007 nach der Wiederherstellung der D-EKUM angepasst. Im Rahmen der Musterzulassung ist auch die Umrüstung von RW-3a zu RW-3b und umgekehrt genehmigt.

Da die deutsche Musterzulassung inzwischen nach den CAR-Vorschriften der USA erfolgt, kann Fischer die erstellte Dokumentation nach Übersetzung direkt für die amerikanische FAA-Musterzulassung verwenden. Am 7. November 1960 erteilt die FAA unter der Nummer 7A8 die Betriebsgenehmigung für die RW-3 mit amerikanischer Zulassung. Halter des amerikanischen Typenzertifikats ist nicht mehr Rhein-Westflug sondern der Herstellerbetrieb Rhein-Flugzeugbau, nachdem Hanno Fischer bei RFB die technische Leitung übernommen hatte.

Während Hanno Fischer sich hauptsächlich um die Musterzulassung bei Rhein-Westflug bemüht, organisiert Schulze-Wilmert 1957 vor allem die öffentlichen Auftritte des Flugzeugs. Das Flugzeug erscheint dabei meistens mit Segelflugmeister Albert Falderbaum im Cockpit auf Flugtagen in Deutschland, u.a. beim Großflugtag in Freiburg aus Anlass des 50 jährigen Bestehens des BVL am 19.05.1957. Ende Mai 1957 präsentiert sich die D-EKUM auf dem 22. Aero Salon in Paris erstmals einem Weltpublikum. Tatsächlich lässt sich das Flugzeug später ebenso gut im Ausland wie in Deutschland verkaufen, wenngleich die Verkaufszahlen auch hier niedrig bleiben. Vor allem aber dienen die Gespräche dem Aufbau von Vertriebs-Partnerschaften auf internationaler Ebene. So übernimmt E.F. Allchin in Birmingham 1957 den Vertrieb der RW-3 für England. Der Verkaufspreis hat sich inzwischen auf 30.000 DM für die A3 und 32.500 DM für die A1/A2 mit größerer Spannweite erhöht. Nach der gescheiterten Teilnahme am Deutschlandflug 1956 meldet Hanno Fischer den zweiten Prototyp zur Teilnahme am Deutschlandflug 1957 an. Die D-EKUM startet am 20. Juni 1957 mit 100 Mitbewerber-Flugzeugen auf der Flughafen Stuttgart-Echterdingen. Trotz ihrer angegebenen 210 km/h Höchstgeschwindigkeit startet die Maschine in der Gruppe II der Flugzeuge mit einer Höchstgeschwindigkeit von 170-209 km/h. Der frühere Segelflugmeister Albert Falderbaum fliegt das Flugzeug in drei Tagen über 40 deutsche Flugplätze von Stuttgart nach Braunschweig.

Auch 1958 wird seitens Rhein-Westflug ein umfangreiches Öffentlichkeits-Programm für die RW-3 aufgelegt. Nachdem Hanno Fischer die entwicklungstechnischen Aktivitäten näher an die Produktion bei RFB verlagert hat, wird auch das Marketing und der Vertrieb von RFB übernommen. Mit der Produktions-Aufnahme 1958 übernimmt Rhein-Flugzeugbau den gesamten Außenauftritt für die RW-3. Damit die Entwicklung der RW-3 abgeschlossen. Die Weiterentwicklung des Flugzeugs nimmt Hanno Fischer im Rahmen seiner Entwicklungsleiter-Tätigkeit bei RFB wahr. Weitere Entwicklungen gab es bei der Rhein-Westflug nicht. Die Firma bleibt als Geschäftspartner für den einzigen Lizenznehmer RFB bestehen und wird an der Fertigung über Lizenzgebühren beteiligt, die sich Schulze-Wilmert und Fischer teilen. Als Halter der Musterzulassung bleibt Rhein-Westflug bis heute im Gerätekennblatt der RW-3 enthalten. Mit Fischers Wechsel zu RFB wird die Rhein-Westflug Fischer & Co zunächst von Wahn nach Mönchengladbach verlagert und nach Ende der RW-3 Produktion bei RFB aufgelöst.

Der zweite Prototyp D-EKUM wird im Rahmen der Lizenzvergabe an RFB übergeben. Hanno Fischer kauft das Flugzeug nach Auslaufen der RW-3-Serienfertigung zurück. Das Flugzeug wurde lange Zeit von der Flugsportgruppe des Rhein-Flugzeugbau als Trainer genutzt. In den achtziger Jahren verwendet Fischer die D-EKUM als Versuchsträger für seinen Whisper-Fan. Anfang 2000 wird das Flugzeug wieder zurückgerüstet und mit einem Rotax-Motor ausgestattet, um den Status als historisches Flugzeug beizubehalten. Die D-EKUM ist bis zum heutigen Tag flugfähig und wird auch 2015 noch von Hanno Fischer in Mönchengladbach geflogen.

Rhein-Westflug Rhein-Flugzeugbau	RW-3 –A3 später RW-3a/P75	RW-3-A1/A2 später RW-3b/P75	RW-3a/L150	RW-3b/L150	RW-3c-90 Passat
Besatzung	2	2	2	2	2
Länge	7,42 m	7,42 m	7,90 m	7,90 m	
Spannweite	10,00 m	15,40 m	10,40 m	15,40 m	
Flügelfläche	14,00 m²	18,00 m²	14,00 m²	18,00 m²	
Höhe	2,48 m	2,48 m	2,58 m	2,58 m	
Leermasse	600 kg	640 kg	690 kg	720 kg	
Max. Startmasse	900 kg	900 kg	1000 kg	1000 kg	
Höchstgeschwindigkeit	210 km/h	200 km/h	270 km/h	240 km/h	
Gipfelhöhe	4500 m	5500 m	5500 m	7000 m	
Reichweite	800 km	800 km	920 km	840 km	
Triebwerk	1 x Porsche 678/4 mit 75 PS	1 x Porsche 678/4 mit 75 PS (RW-3-A1 mit 40 PS Nelson)	1 x Lycoming O-320 mit 150 PS	1 x Lycoming O-320 mit 150 PS	1 x Lycoming 900NaN0

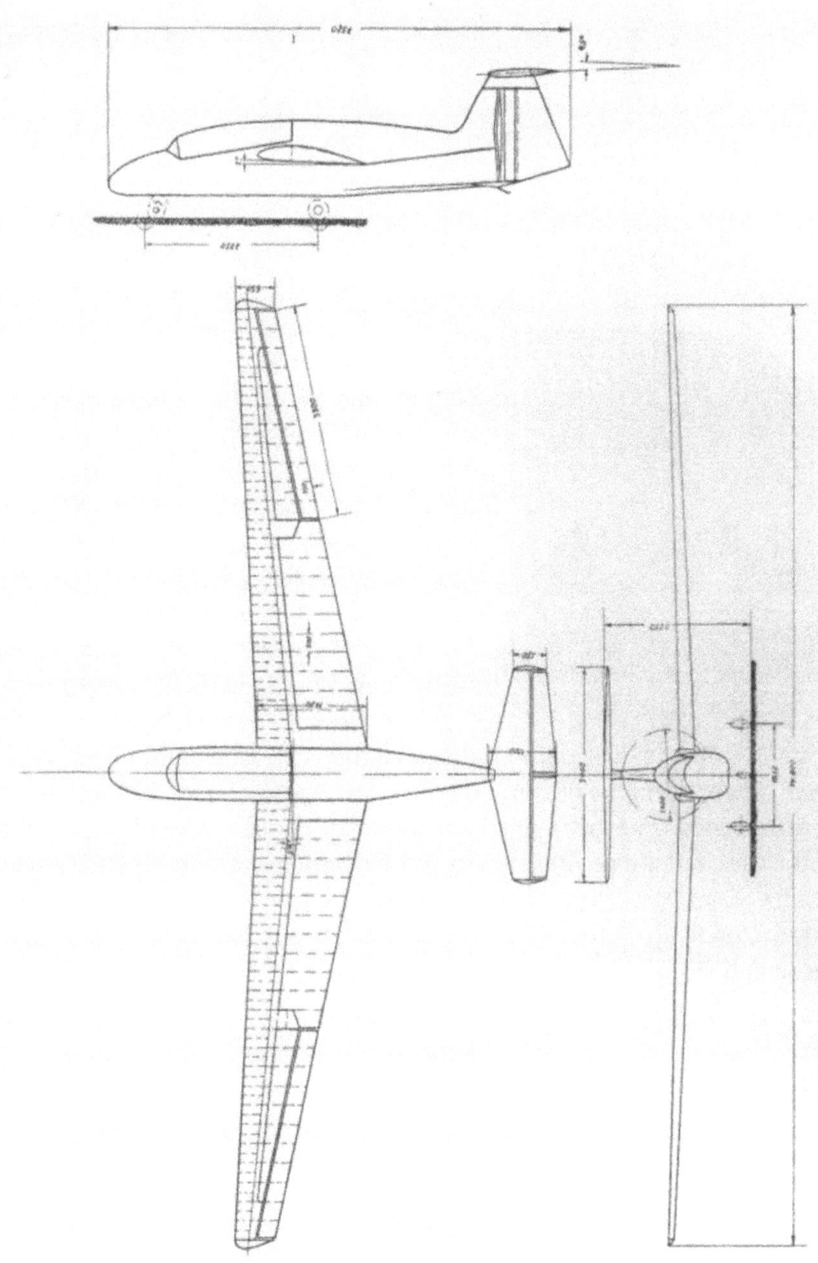

Carl Deilmann (022)

Die Rhein-Flugzeugbau GmbH wird am am 26. Juni 1956 in Krefeld von der Deilmann Montan GmbH aus Bentheim und dem Krefelder Fensterbauer Käther & Co GmbH gegründet. [3] Willi Käther war bis 1945 Produktionsleiter unter Kurt Tank bei den Focke-Wulf-Werken in Bremen. Käther blieb nach dem Krieg in Deutschland und gründete in Krefeld einen Fensterbaubetrieb, der sich auf die Herstellung von Metallfenster spezialisiert hatte. Nach der Aufhebung des Bauverbots von Flugzeugen in der Bundesrepublik Deutschland beabsichtigt Käther den Einstieg seines Unternehmens in die sich neu entwickelnde deutsche Luftfahrtindustrie. Mit dem flugbegeisterten Carl Deilmann findet Willi Käther einen finanzstarken Partner, um den kostenintensiven, luftfahrttechnischen Umbau seines Unternehmens finanzieren zu können. Als dritter Teilhaber und erster Geschäftsführer des neuen Unternehmens kommt Oskar Steinbach, der frühere Chef der Jägerrüstung, hinzu. Den ersten Firmensitz nimmt das Unternehmen in Käthers Fensterbaubetrieb auf der Arndtstraße in Krefeld-Uerdingen ein.

Im Gegensatz zu vielen anderen Unternehmen, die in den frühen Stunden des bundesdeutschen Luftfahrzeugbaus um 1955 gegründet wurden, verfügte Rhein-Flugzeugbau über keine Firmentradition, die es ihr ermöglicht hätte auf die Erfahrung ihrer früheren Mitarbeiter oder noch bestehende Betriebseinrichtungen zurückzugreifen. Käther, Steinbach und Deilmann standen bei der Gründung des Rhein-Flugzeugbau vor einem kompletten

[3] „125 Jahre C. Deilmann", C. Deilmann

Neuanfang. Willi Käther konnte zwar auf seine Erfahrung als Produktionsleiter und auf seinen Metallbaubetrieb in Krefeld zurückgreifen, allerdings fehlen dem Unternehmen die entwicklungstechnischen Erfahrungen. Man richtet das Unternehmen daher als reinen luftfahrttechnischen Baubetrieb aus, der entweder als Zulieferer für andere luftfahrttechnische Unternehmen fungiert oder Baulizenzen zum Nachbau von Flugzeugen von Dritten erwirbt, wie es beim schnellen Aufbau der jungen Bundesluftwaffe in der deutschen Luftfahrtindustrie zunächst durchaus üblich war.

Da die junge RFB für eine Teilnahme am Lizenzfertigungsprogramm zur Erstausstattung der Luftwaffe zu klein war, bemühte sich Oskar Steinbach als Geschäftsführer um eine Nachbau-Lizenz für ein kleines Einstiegsmuster. In Nordrhein-Westfalen hatte sich zu dieser Zeit der frühere technische Direktor der Arado-Werke Walter Blume mit seinem Ingenieurbüro angesiedelt. Die „Leichtbau und Flugtechnik GmbH" in Duisburg sollte Keimzelle des nordrheinwestfälischen Flugzeugbaus werden. Blume hatte bereits ein Gelände zum Bau eines Flugzeugwerks vorgesehen und wollte bis zu 2000 Mitarbeiter in diesem Werk einstellen. Geplant war die Entwicklung eines Transportflugzeugs. Um zuvor aber Erfahrungen zu sammeln, konstruierte Blume und sein Team zunächst ein viersitziges Reiseflugzeug, die Blume Bl.500. Als Blume bei der Vergabe von Aufträgen durch die neue Luftwaffe 1955 nicht berücksichtigt wird und das Bundes-Wirtschaftsministerium den Anschluss des Büros Blume an den in Bremen ansässigen Focke-Wulf-Konzern forderte, gab Blume seine Bestrebungen zum Aufbau eines eigenen Werkes in Duisburg auf. Obwohl die Entwicklung der Blume Bl.500 unter Focke-Wulf Regie fortgesetzt wird, verhandeln Blume, Steinbach und der frühere Focke-Wulf Direktor Käther über eine Lizenzfertigung der Maschine bei RFB. In Anbetracht der bei Focke-Wulf für Luftwaffe anlaufenden Fertigung der Piaggio FWP.149D hatte man dort allerdings wenig

RFB-Geschäftsführer
Oskar Steinbach (023, RFB)

Interesse ein ähnliches Flugzeug durch einen Mitbewerber bauen zu lassen. Schließlich werden Willi Käther und Oskar Steinbach auf die ebenfalls aus Nordrhein-Westfalen stammende RW-3 Entwicklung von Rhein-Westflug aufmerksam. Ein entscheidender Vorteil der RW-3 besteht darin, dass diese 1955 bereits fliegt, während sich die Blume Bl.500 noch im Entwurfsstadium befindet und erstmals im März 1957 erst abhebt. Außerdem ist die RW-3 Konstruktion deutlich einfacher gestaltet als die Blume Bl.500 und eignet sich damit wesentlich besser als Einstiegsmuster für den unerfahrenen Flugzeugbaubetrieb. Gleichzeitig weist der Entwurf der RW-3 aber auch eine Vielzahl innovativer Flugzeugbau-Elemente auf, wie der im Heck angeordnete Druckpropeller oder die Verwendung von Kunststoffen im Bereich der nichttragenden Teile, die den nach Innovation strebenden Willi Käther vor allen Dingen überzeugen. Die Blume Bl.500 war hingegen eine Weiterentwicklung der ebenfalls von Blume allerdings schon vor zwanzig Jahren entwickelten Arado Ar79.

Die RFB-Entscheidung fällt schließlich zugunsten des innovativeren RW-3 Entwurfs von Rhein-Westflug und man nimmt die Lizenzverhandlungen mit Hanno Fischer und Bernhard Schulze-Wilmert auf. Rhein-Westflug verpflichtet sich, die RW-3 einschließlich Verkehrszulassung für den Serienbaubetrieb vorzubereiten und Rhein-Flugzeugbau beim Aufbau der Serienfertigung zu beraten. Im Gegenzug erhält Rhein-Flugzeugbau das Recht zum Bau von 25 Flugzeugen des Typs RW-3. Als Mustermaschine stellt Rhein-Westflug den RW-3 Prototypen D-EKUM zur Verfügung.

Da sich das RFB-Werk in den Werkstätten der Käther-Werke in Krefeld-Uerdingen auf der Arndtstraße 60 befindet, sollen hier nur die Bauteilfertigung und die Baugruppenmontage stattfinden. Die fertigen Baugruppen werden dann per LKW zur Endmontage auf einen Flugplatz gebracht. Allerdings besaß Krefeld 1956 selbst keinen eigenen Flughafen mehr. Der alte Bockumer Flughafen war nach dem Krieg von den Engländern unbrauchbar gemacht worden. RFB hatte allerdings von der Stadt Krefeld bereits ein geeignetes Flugplatzgelände auf dem nahen Egelsberg in Aussicht gestellt bekommen. Um die Lizenzproduktion schnellstmöglich aufnehmen zu können, entscheidet man sich bei RFB dafür, die in Uerdingen gefertigten Bauteile bis zur Fertigstellung des Egelsberg vorübergehend per Landtransport zum Flughafen in Essen zu transportieren und dort die Endmontage durchzuführen.

Im September 1957 läuft bei RFB in Krefeld die erste Teileproduktion für die RW-3 an. Drei Monate später beginnt Anfang 1958 auf dem Flugplatz in Essen-Mühlheim die Endmontage der ersten RW-3 aus RFB-Produktion. Am 8. Februar

1958 hebt in Essen schließlich das erste in Serie gebaute deutsche Nachkriegsflugzeug mit der Zulassung D-ELYT zum Erstflug ab. Sechs Wochen später erfolgt am 27. März 1958 die erste Kundenauslieferung einer RFB RW-3. Zur Vereinfachung der Serienproduktion war bei Rhein-Flugzeugbau die Entscheidung getroffen worden, alle RW-3 Serienflugzeuge mit kurzen Tragflächen als RW-3a auszuliefern. Die Tragflächen-Außenstücke zur Verlängerung der Tragfläche auf 16 Meter konnten als Aufrüstsatz für reine Segelflieger erworben werden. Mit Beginn der Serienproduktion stand bei Porsche auch der leistungsstärkere Porsche 678/4 Motor mit 75 PS Startleistung zur Verfügung. Ab Serienmaschine 003 waren alle RW-3 mit diesem stärkeren Motor ausgerüstet. Sie wurden ab Sommer 1958 als RW-3a/P75 bezeichnet.

Im Frühjahr 1958 gewinnt Rhein-Flugzeugbau den lukrativen Instandhaltungsauftrag für die Percival Pembroke der Flugbereitschaftsflotte der Luftwaffe. Da der in Aussicht gestellte Flugplatz am Egelsberg für dieses Flugzeugmuster nicht ausreichte, entschied man sich bei Rhein-Flugzeugbau zum Aufbau eines Instandhaltungsbetriebs am größeren Flugplatz in Mönchengladbach. Daraufhin wurde 1958 auch die Endmontage der RW-3 von Essen nach Mönchengladbach verlagert. In Mönchengladbach mietet sich RFB in der neu errichten Halle 1 mit ihrer Endmontage-Linie ein.

RFB RW.3 Auslieferungslinie in Mönchengladbach (024, RFB)

Im gleichen Jahr zieht auch Hanno Fischer mit der Rhein-Westflug von Köln-Wahn zur Endmontage-Linie in Mönchengladbach um. Gleichzeitig nimmt Hanno Fischer bei RFB die Position des Entwicklungsleiters ab 1958 ein. Lediglich die Teile- und Baugruppenfertigung verbleibt bei Käther in Krefeld.

RFB RW-3 Verkaufsprospekt 1960 (025)

Die Vereinbarung zwischen Rhein-Flugzeugbau und Rhein-Westflug sieht in einer ersten Serie den Bau von 25 Flugzeugen vor. Diese werden in den Jahren 1958 bis 1960 gebaut. Absatzseitig sieht es vielversprechend aus. Die Zeitschrift Flight International vom Oktober 1958 berichtet über RW-3-Verkäufe nach Schweden, Brasilien, Mexiko, Japan und Spanien. Der Prototyp D-EKUM erscheint auf internationalen Luftfahrtmessen, u.a. 1959 auf der ersten „Deutschen Luftfahrtschau" in Hannover.

Im Dezember 1958 berichtet die Zeitschrift Flight International von Gesprächen zum Aufbau einer weiteren Produktionslinie für die RW-3 in Südafrika. Die beiden deutschen Ingenieure Helmut Schmidt und Otto Martin beabsichtigen in Hattingspruit, Northern Natal den Aufbau einer RW-3-Montagelinie mit Teilen, die aus Deutschland von RFB zugeliefert werden, um damit den südafrikanischen Markt zu bedienen. Von einem erfolgreichen Abschluss der Gespräche wird allerdings nichts gemeldet.

Tatsächlich verläuft der Verkauf der RW-3 aber nur schleppend. Ursprünglich waren für die Serienfertigung bei RFB monatlich 7-8 Flugzeuge vorgesehen. In Spitzenzeiten wurde ein Flugzeug pro Monat tatsächlich abgeliefert. Einerseits lag dies an der begrenzten, politischen Förderung der Privatfliegerei in Deutschland. Im Gegensatz zur Vorkriegszeit war die Privatfliegerei in den 50er Jahren einer kleinen wohlhabenden Schicht in Deutschland vorbehalten, die ein paar hundert allenfalls tausend Flugzeuge abnehmen würden. Die kleinen, jungen Flugzeugbaufirmen in Deutschland mussten nach zehn Jahren Pause zunächst wieder Anschluss an moderne Technologien gewinnen. Gleichzeitig konkurrierten sie mit etablierten, ausländischen Flugzeugbauern im deutschen Markt.

Andererseits hatte die RW-3 aber ein gravierendes Defizit. Fischer hatte die RW-3 vor allem als Motorsegler konzipiert. Die Motorisierung sollte bei Start und Landung unterstützen und das Durchfliegen auftriebsschwacher Gebiete ermöglichen. Zwar lag die Höchstgeschwindigkeit der RW-3 knapp 30 km/h höher als der damals gültige Weltrekord für Flugzeuge mit Motoren bis zu 2 Liter Hubraum, aber für den Sport- und Reiseflug war diese Motorisierung dennoch unterdimensioniert. Auch die serienmäßig ab Werksnummer 005 verbauten Porsche 678/4 mit 75 PS Leistung brachten kaum Verbesserung gegenüber dem ursprünglichen Porsche 678/0 mit 65 PS Motor. Fischer erprobte deshalb an der D-EKUM verschiedene alternative Antriebe. Der 95 PS starke Continental C-90 und dessen 100 PS starke Weiterentwicklung O-200 brachten keine zufriedenstellenden Ergebnisse. Erst mit dem 150 PS starken Lycoming O-320 erreicht Fischer 1960 erstmals eine ausreichende Performance.

RFB plant daher ab 1961 mit einer verbesserten RW-3 unter der Bezeichnung „Passat" auf den Markt zu gehen. Neben dem leistungsstärkeren Lycoming O-320 Triebwerk erhält die „Passat" einen elektrischen, zwanzig Zentimeter größeren Verstellpropeller. Der Luftschraubenspalt wird zur Lärmreduzierung vergrößert. Die stoffbespannten Querruder und Landeklappen werden durch Metallklappen mit Schaumstofffüllung ersetzt. Der Rumpf wird im Bugbereich verlängert und mit einem Landescheinwerfer ausgestattet. Im Heckbereich wird die Stoffbespannung durch eine Leichtmetallschale ersetzt. Der beengte Komfort auf dem zweiten Sitz wird durch eine Erhöhung der Kabine verbessert. Außerdem erhält der „Passat" größere Räder und hydraulische Bremsen. Die „Passat" unterscheidet sich damit deutlich von den übrigen P-Serien der RW-3.

Die Werksnummer 24 ist die erste RW-3, die nach der neuen „Passat"-Auslegung gebaut wird. Sie wird im Mai 1961 fertiggestellt. Auch die „Passat" wird in zwei Flügelvarianten im Markt angeboten. Als RW-3a/L150 ist sie mit kurzen Tragflügeln in der Kunstflugvariante erhältlich und als RW-3b/L150 verfügt sie über die gestreckten Tragflächen. Der Prototyp wird als D-ELYL im Mai zugelassen und startet eine Verkaufstour durch Europa. Unter anderem wird das Flugzeug im August 1961 auf dem Pariser Aero Salon vorgestellt.

Mit der neuen RW-3 „Passat" gelingt es nicht die Verkaufszahlen anzukurbeln. Ende 1961 trifft RFB die Entscheidung die RW-3 Produktion einzustellen. Von 25 begonnenen Flugzeugen bleiben drei unvollendet und werden später abgewrackt. Einschließlich Prototyp entstehen 27 Flugzeuge von denen 22 an Kunden ausgeliefert werden. Die gefertigten Teile der Werksnummer 23 kauft der Aeroclub Mühlheim. Das Flugzeug wird im Eigenbau bis 1965 fertiggestellt.

RW-3a/L150 Passat im Jahr 1961 (026, Ken Tilley via NA3T)

Aufbau einer RW3, Werksnummer 23 beim Aeroclub Essen (027, Aeroclub Essen)

Verhältnismäßig viele RW-3 gingen durch Flugunfälle verloren. Neun der 27 Flugzeuge sind abgestürzt oder wurden nach Unfällen stillgelegt. Markant waren beim Prototypen D-EKUM starke Luftschraubengeräusche. Ursache war der enge Propellerschlitz, der dann bei der Weiterentwicklung „Passat" vergrößert wurde. Abstürze aus konstruktiven oder technischen Gründen sind allerdings nicht bekannt geworden. Die RW-3 war technisch sehr solide konstruiert.

Die meisten RW-3 gingen ins Ausland z.B. nach Dänemark und Holland, nach Kolumbien und Argentinien und vor allem nach der Musterzulassung durch die FAA 1960 in die USA. Ein Maschine wurde nach Australien verkauft. Die meisten der in Deutschland verbliebenen RW-3 wurden bis Anfang der siebziger Jahre stillgelegt. In Deutschland existieren heute noch drei RW-3. Der zweite Prototyp D-EKUM wurde lange Jahre in der RFB Flugsportgruppe zur Schulung genutzt. In den achtziger Jahren diente sie als Erprobungsträger für die Whisper-Fan-Technologie und wurde mit einem Wankelmotor 871 und zwei Mini-Fans ausgestattet. Danach lag die Maschine einige Jahre in einem Hangar bevor Hanno Fischer ihn um 2003 wieder flugfähig machte. Statt des originalen Porsche Motors wurde bei der Restaurierung ein 115 PS starker Rotax 914 Motor verbaut. Hierdurch wurde das Startgewicht um 50 kg gegenüber der originalen Bauweise verringert. Der Erstflug nach der Restaurierung erfolgte 2003 auf dem ehemaligen Militärflugplatz in Nörvenich. Die Maschine ist heute am alten RFB-Standort Mönchengladbach stationiert und ist vermutlich die letzte flugfähige RW-3 weltweit. Ebenso existiert heute noch die Werksnummer 009 D-EIFF, die jahrelang durch die DFVLR in Braunschweig genutzt wurde, bevor sie 1971 in Privatbesitz überging. Das Flugzeug ging 1995 an das Technikmuseum Berlin, wo sie heute ständiger Bestandteil der öffentlichen Ausstellung ist. Auch die im Eigenbau vom Aeroclub Essen gebaute RW-3 mit der Werksnummer 023 D-EFTV existiert noch. Sie befindet sich zur Zeit im Luftfahrtmuseum in Hannover Laatzen, wo sie zumindest ausstellungstechnisch wieder hergestellt wird. Möglicherweise existiert auch noch die Werksnummer 005 D-EFUP. Zumindest existierte dieses Flugzeug 2003 noch in Papenburg.

Historisch gesehen, sind der FiBo 2 und die RW-3 die Ausgangsmuster für die RFB-Entwicklungen der siebziger Jahre. Druckpropeller und Kunststoffverarbeitung sind die ersten Schritte in Richtung der späteren Fantrainer und Fanliner. Optisch kommt der späte „Passat" bereits dem Fantrainer sehr nahe. Es sollte allerdings noch fast fünfzehn Jahre Grundlagenforschung benötigen, um dem Endziel Hanno Fischers in Form des Fanliners nahe zu kommen. Für Rhein-Flugzeugbau war die RW-3 kein wirtschaftlicher Erfolg. Auch die gewonnene Erfahrung im Serienbau von Flugzeugen kann RFB nur im geringen Umfang nutzen. Nach Einstellung der Flugzeugproduktion bei RFB dauert fast neun Jahre, bis ein neues Flugzeug bei RFB entsteht. Bis zur Wiederaufnahme einer Serienproduktion dauert es fast 25 Jahre. Dennoch trägt schon die RW-3 früh zum innovativen Image des jungen deutschen Luftfahrtunternehmens bei, das in Deutschland das erste in Serie gebaute Motorflugzeug nach dem zweiten Weltkrieg gebaut hatte. Viel entscheidender für die Zukunft des Rhein-Flugzeugbau war aber der Beginn einer mehr als dreißigjährigen Zusammenarbeit mit Hanno Fischer als technischem Leiter des Unternehmens, der durch fundierte Grundlagenbetrachtungen Rhein-Flugzeugbau immer wieder in die Rolle ausgewählter Technologieführerschaft führen wird.

Nachdem die Kernentwicklung der RW-3 abgeschlossen ist, wendet sich Hanno Fischer einer komplett neuen Entwicklung zu. Gegen Ende der fünfziger Jahre zeichnet sich in Deutschland ein wachsender Markt im Bereich der Taxifliegerei ab. Geschäftsleute, die weitab der großen Flughäfen tätig sind, verwenden immer häufiger sogenannte Geschäftsreiseflugzeuge. Eine Reihe sogenannter Taxiflug-Gesellschaften entstehen, wie die Deutsche Nahluft oder die Deutsche Taxiflug, die meist mit 4-6 sitzigen Flugzeugen den Verkehr nach Bedarf bedienen. Ihre Flugzeuge müssen in der Lage sein, auf Plätzen mit kurzen Start- und Landebahnen zu landen, aber auch schnell genug fliegen, um die Nutzung als Verkehrs- und Reiseflugzeug für ihre Kunden zeitwirtschaftlich zu gestalten.

Mit der RFB RF1 will sich Rhein-Flugzeugbau diesen neuen Markt sichern. Gefördert wird die Entwicklung durch das Wirtschafts-Ministerium des Landes Nordrhein-Westfalen. Hanno Fischer widmet sich der Entwicklung der RF1 schon recht früh ab 1957. Der Entwurf war für die damaligen Verhältnisse ungewöhnlich. Den Druckpropeller hatte Fischer bereits in der RW-3 und FiBo 2

RFB RF-1 Entwurf 1958 (029, RFB)

erprobt. Auch in der RF 1 kommt eine Art Druckpropeller zum Einsatz. Fischer ummantelt den Propeller allerdings mit einem Ringmantel, der quasi als Halbringflügel fungiert und die Kurzstart-Eigenschaften des Flugzeugs verbessern soll. Dieses Prinzip war bereits als Channelwing in den zwanziger Jahren in den USA von Willard Ray Custer beschrieben worden, bei dem der innere Teil der Tragfläche aus einer nach oben hin offenen Röhrenhälfte besteht, in der der Motor mittig aufgehängt ist. Custer selbst hatte schon 1942 einen ersten Versuchsträger, den Custer Channel Wing CCW-1 gebaut und war noch in den fünfziger Jahren mit der CCW-5 in Erprobung des Prinzips. Während Custer bewusst mit einer Halbring-Ummantelung arbeitet, verwendet Fischer bei der RF1 eine Vollummantelung des Propellers. Um die STOL-Eigenschaften noch weiter zu verbessern, ist außerdem eine Strahlablenkung nach unten möglich.

Anstelle des von der RW-3 bekannten T-Leitwerks kommt bei der RF1 eine konventionelle Leitwerksanordnung zur Anwendung, bei der die vertikalen Leitwerksflächen vom Triebwerks-Luftstrom angeströmt werden. Als Triebwerk sieht Fischer zwei 250 PS starke Lycoming O540-A1A vor, die gekoppelt hinter der Kabine im Rumpf eingebaut werden. Beide Triebwerke sind mit einer automatischen Fliehkraftkupplung verbunden, die ein unabhängiges Arbeiten der beiden Triebwerke ermöglicht. Das Flugzeug war mit diesen beiden Motoren zwar überdimensioniert, erfüllte damit aber die Anforderungen für eine gewerbliche Blindflugzulassung. Da bei Abschalten eines der gekoppelten Triebwerke keine Asymmetrie des Flugzeugs auftrat, konnte der zweite Motor nach dem Start einfach abgeschaltet werden. Die Auslegung des Flugzeugs erfolgt als Rohrmetall-Rahmen, jedoch kommen erstmals auch glasfaserverstärkte Kunststoffe bei nichtragenden Teilen zum Einsatz. Diese versprechen einerseits eine deutliche Gewichtsreduzierung und damit eine Verbesserung der Startbedingungen. Andererseits erhofft man sich auch eine deutliche Reduzierung des Wartungs-Aufwands. Das Fahrwerk ist elektrisch einziehbar. Die beiden Kraftstofftanks können je 180 Liter aufnehmen. An den Flügelspitzen sind Außentanks mit 2 x 160 Litern vorgesehen. Damit sind Flüge von 3,5 bis 7 Stunden Flugzeit über 750 bis 1500 Kilometern möglich. Die Kabine bietet 5 Passagieren und einem Piloten Platz. Auch als Ambulanzflugzeug mit bis zu vier Tragen oder als kleines Frachtflugzeug wird der RF1-Entwurf vorgestellt. Zur besseren Be- und Entladung sind die Einstiegstüren beidseitig über die gesamte Kabinenlänge nach oben und unten klappbar.

Um die konstruktive Auslegung des Mantelstrompropellers und des Halbring-Flügels zu erproben, entsteht bei Käther in Uerdingen ein Modell im Maßstab 1:2. Auch die Konstruktion des einziehbaren Hauptfahrwerks in der Nähe des

RF1 Versuchsmodell (030, RFB)

Ringflügels kann an diesem Modell erprobt werden. Es wird in eine aerodynamische Waage gehängt. Auch die Teile für den Prototypen werden 1959 bei Kaether in Uerdingen gefertigt.

Der Flügel des Prototypen wird dreiteilig mit dem Halbringflügel in der Mitte und den klassischen Tragflügelhälften rechts und links aufgebaut. Nach Abschluss der Teilefertigung für den Prototypen beginnt man bei Käther mit der Fertigung für das erste Vorserienflugzeug. Abweichend vom Prototypen erhält dieses einen zweiteiligen Flügel, der im Bereich des Ringflügels verbunden wird. Außerdem sieht Fischer für das Vorserienflugzeug ein 275PS starkes Lycoming Triebwerk vor.

Obwohl die RF1 ein STOL-Flugzeug ohne besondere Anforderungen an die Platzverhältnisse des Flugplatzes ist, findet der Erstflug nicht auf dem noch schlecht ausgebauten Flugplatz in Mönchengladbach statt, sondern auf der RAF-Basis Wildenrath. Dort erfolgt im Sommer 1960 die Endmontage. Am 15. August 1960 startet die RF 1 V1 mit der Zulassung D-IGIR in Wildenrath mit Hanno Fischer am Steuer zu ihrem Erstflug. Um die Anforderungen des Nahluftverkehrs zu erfüllen, soll das Flugzeug beim Start nach 150 Metern bereits eine Flughöhe von 15 Metern erreicht haben. Für die Landung soll eine Landebahn von 100 Metern Länge ausreichen. Bei der Flugerprobung erfüllt die RF1 diese Anforderung. Allerdings ist der geplante Verkaufspreis von 300.000 DM vor allem für die kleinen Taxifluggesellschaften zu hoch. Der Erstflug der RF1 erfolgt zufriedenstellend. Aber der Schub bleibt auf Grund fehlerhafter Mantelschrauben-Auslegung hinter den Erwartungen zurück, da die zu große Kabine vor dem Mantelflügel die Anströmung behinderte. Ein Kernstück der Konstruktion muss daher neu ausgelegt werden.

RFB RF1 in Wildenrath (031, 032, RFB)

Die Mittel des Landes Nordrhein-Westfalen reichen jedoch nicht mehr aus. Der schleppende Verkauf der RW-3 und die dadurch angespannte wirtschaftliche Situation erlauben Fischer nicht, die Arbeiten an der RF1 fortzusetzen. Insgesamt wurden etwa 100 Versuchsflüge vornehmlich zur Optimierung der Mantelschraube durchgeführt. Mit dem Ende der RW-3 Serienfertigung endet 1961 auch das RF1-Projekt endgültig. Mitte der sechziger Jahre führt RFB Gespräche über den Lizenzbau der Mitsubishi Mu-2B, einem vergleichbaren Flugzeug auf konventioneller Basis, das den eigenen Entwurf eines Nah-Verkehrsflugzeugs überflüssig macht. Die RF1 bleibt ein Versuchsträger. Aber Fischer gewinnt über die RF1 auch erste Erkenntnisse zur GFK-Bauweise, die er in den nächsten Jahren in das Joint-Venture LFU der Partner Bölkow, Pützer und RFB einbringt.

Die Entwicklung eines Flugzeugs mit Propeller in einem Ringflügel wird für Hanno Fischer schon am 16. Oktober 1958 mit dem Patent DE1096761B eingetragen. Der Prototyp der RF 1 steht noch bis Ende der sechziger Jahre in Mönchengladbach und wird später an die Technische Hochschule in Aachen abgegeben, die mit dem Flugzeug die Auslegung ummantelter Propeller erforscht. Die im Bau befindliche Vorserienmaschine wird nicht mehr fertiggestellt.

Rhein-Flugzeugbau	RF 1
Besatzung	1 + 5
Länge	13,08 m
Spannweite	14,10 m
Flügelfläche	32,53 m²
Höhe	3,85 m
Leermasse	1800 kg
Max. Startmasse	2700 kg
Höchstgeschwindigkeit	290 km/h
Gipfelhöhe	6200 m
Reichweite	1500 km
Triebwerk	2 x Lycoming O540-A1A mit je 250 PS

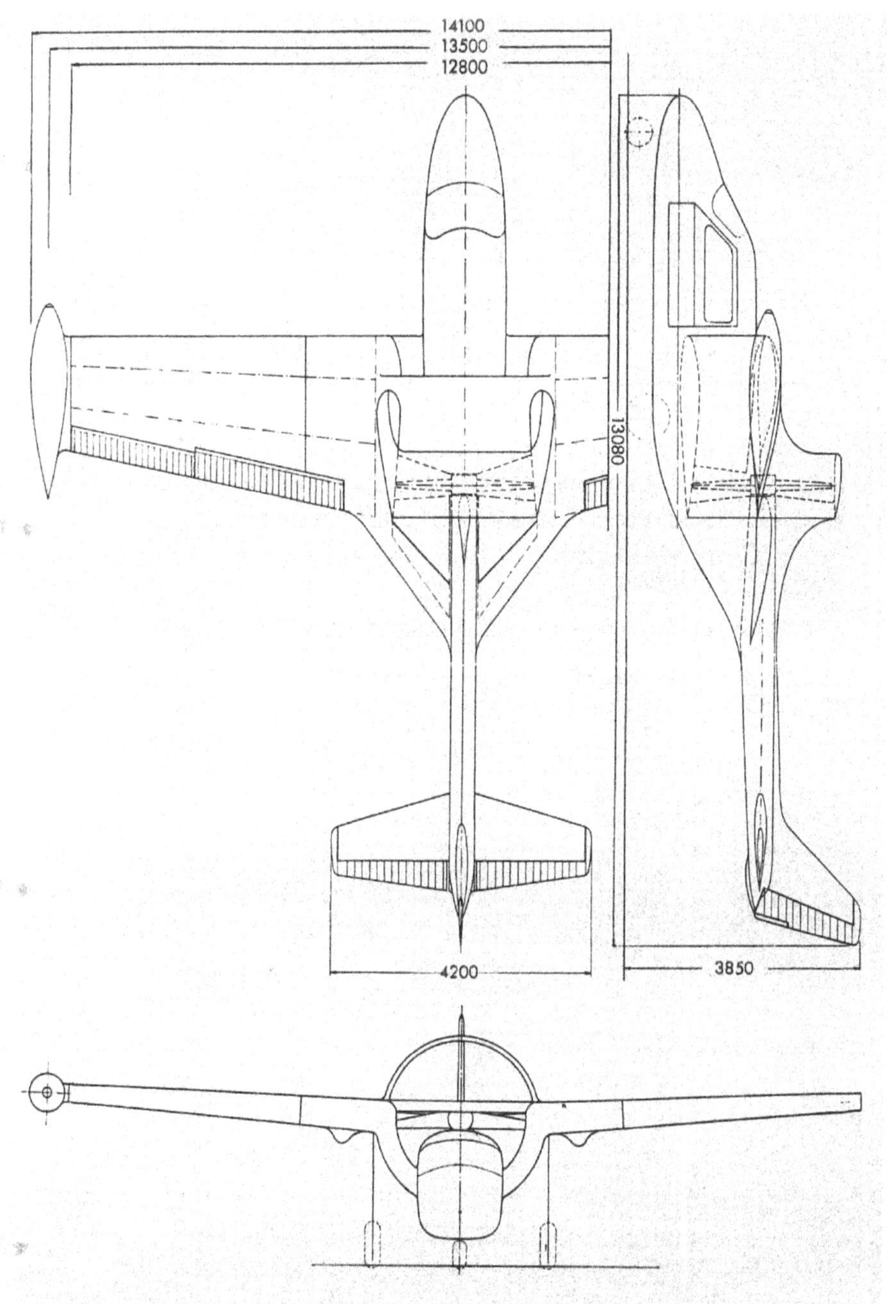

RFB RF-1 Entwurf 1958 (033, RFB)

Zum Zeitpunkt der Gründung von Rhein-Flugzeugbau 1956 war die Standortfrage in erster Linie durch den existierenden Fensterbaubetrieb von Willi Käther in Krefeld bestimmt. Hier sollten künftig die Bauteile für RFB-Flugzeuge gefertigt werden und die Montage von Baugruppen erfolgen.

Das Betriebsgebäude lag im Ortsteil Uerdingen in der Arndtstrasse 60 unweit des früheren Krefelder Flughafens in Bockum, auf dessen Wiedereröffnung Willi Käther bei der Ortswahl für seinen Betrieb vielleicht sogar gehofft hatte. Diese Hoffnung hatte sich allerdings spätestens 1953 mit der Vorlage eines Bebauungsplans „Gartenstadt" für das ehemalige Flughafen-Gelände in Bockum zerschlagen. Als Alternative entstand ab 1952 auf dem etwas weiter entfernten Egelsberg ein Fluggelände für Segelflieger. Die Stadt Krefeld stellt der neu gegründeten Rhein-Flugzeugbau GmbH 1955 einen raschen Ausbau des Egelsberg zum Werksflughafen in Aussicht.[4] In der Übergangszeit nutzt Rhein-Flugzeugbau eine Endmontage-Linie auf dem Flughafen in Essen-Mühlheim.

Als bei Rhein-Flugzeugbau 1958 allerdings die Serienfertigung der RW-3 anläuft und auch die ersten militärischen Wartungsaufträge hereinkommen, hat sich das Gelände auf dem Egelsberg kaum verändert. Der Platz verfügte über keinerlei Infrastruktur und Landebahnen, die zur Aufnahme größerer Flugzeuge geeignet sind. Zwar erklärt sich die Stadt Krefeld nochmals zu einem Ausbau des Fluggeländes bereit, allerdings interveniert der Verkehrsflughafen im benachbarten Düsseldorf gegen eine Erhöhung des Verkehrsaufkommens am Egelsberg. Rhein-Flugzeugbau beginnt daher mit der Suche nach einem alternativen Standort für die Endmontage und Wartung.

Der Flugplatz Essen-Mülheim ist der nächstgelegene größere Flugplatz zum RFB-Standort Uerdingen. Er wird 1957/58 aber noch von den Engländern als Reparaturflughafen genutzt und steht nur deutschen Segelfliegern zur Verfügung. Hanno Fischers Rhein-Westflug war am Flughafen Köln-Wahn ansässig. Dort fand bereits die Erprobung der RW-3 statt. In Köln-Wahn war auch die Flugbereitschaft der Luftwaffe ansässig, für die RFB künftig die Pembroke-Wartung durchführen sollte. Allerdings war Köln-Wahn mehr als 80 Kilometer vom Krefelder Käther-Betrieb entfernt. Außerdem entwickelte sich Köln-Wahn

[4] „Seidene Kugeln und Fliegende Kisten", Hans Vogt

neben Düsseldorf zum zweiten Verkehrsflughafen in Nordrhein-Westfalen auf dem künftig ein RFB-Werksbetrieb mit dem vorrangigen kommerziellen Luftverkehr konkurrieren müsste.

Im benachbarten Mönchengladbach war die Situation ähnlich wie in Krefeld. Der frühere Flugplatz in der Holter Heide wurde seit 1945 zunächst als Lager für abgestellte Militärfahrzeuge, später dann als Areal für das englische Hauptquartier der Rheinarmee in Deutschland genutzt. Seit 1955 wurde an der Niers ein neues Segelfluggelände in Mönchengladbach angelegt. Anders als die Stadt Krefeld investierte die Stadt Mönchengladbach aber zügig in den Ausbau des Geländes[5]. Schon 1957 entstand der erste Hangar I mit einer Stellfläche von 20 x 60 Metern. Ein Tower und ein kleines Abfertigungs-Gebäude entstand 1958. Die Graspiste wurde schließlich mit Stahlmatten für Landungen schwerer Flugzeuge ausgelegt. Auf Betreiben der Stadt Mönchengladbach wird der Flugplatz an der Niers schließlich als Bedarfsflughafen in die Flughafen-Planung des Landes Nordrhein-Westfalen aufgenommen. Der Flugplatz an der Niers bot also hervorragende Rahmenbedingungen für den künftigen RFB-Werksflughafen. Auch die Entfernung zum Werkstattbetrieb in Krefeld war mit 25 Kilometern noch verkraftbar. Nach Zusage der Stadt Mönchengladbach den Flugplatz mit einer Startbahn auszubauen, entscheidet sich Rhein-Flugzeugbau endgültig für den Standort an der Niers. Im März 1958 mietet Rhein-Flugzeugbau von der Stadt Mönchengladbach die Hälfte der Flugzeughalle 1 an und richtet hier die Endmontagelinie für die RW-3 Serien-Produktion ein. Auch Hanno Fischer verlagert die Rhein-Westflug 1958 von Köln-Wahn nach Mönchengladbach. Damit befindet sich sowohl der Entwicklungsbetrieb als auch der Serienbaubetrieb auf dem Flugplatz an der Niers in Mönchengladbach.

Die Tauglichkeit des Flugplatzes für die Landung mit größeren Flugzeugen wird am 8. Juli 1958 mit der Landung einer Percival Pembroke der Bundesluftwaffe auf den zuvor ausgelegten Stahlmatten nachgewiesen. Damit fällt bei RFB die Entscheidung auch die Pembroke-Überholungslinie ab 1959 in Mönchengladbach zu positionieren. Der Werkstattbetrieb verbleibt in Krefeld-Uerdingen. Zur Reparatur werden die ausgebauten Flugzeugteile per LKW nach Krefeld gebracht und dort instandgesetzt.

---

[5] „Eröffnung des Flugplatz an der Niersbrücke“, Bürgerzeitung Mönchengladbach vom 22.04.2011

Theo Meyenburg 1989
(034, Sammlung Fischer)

Nach Einstellung der RW-3 Produktion 1961 verkaufen Willi Käther und Oskar Steinbach ihre RFB-Geschäftsanteile an Carl Deilmann. Oskar Steinbach verlässt daraufhin die Unternehmensführung. Aus dem Deilmann-Konzern übernimmt Theo Meyenburg die Rolle als neuer Geschäftsführer bei Rhein-Flugzeugbau. Nach der Trennung von Käthers Metallbaubetrieb in Krefeld forciert Theo Meyenburg die Verlagerung der dort noch verbliebenen Werkstattbetriebe nach Mönchengladbach. Deilmann stellt Meyenburg auch die Mittel zum Bau einer Großflugzeughalle und eines Werkstattgebäudes in Mönchengladbach zur Verfügung. Die Flugzeughalle wird 1963 in Betrieb genommen. Das Werkstattgebäude ist 1964 bezugsfertig. Im gleichen Jahr werden die letzten Werkstätten von Krefeld nach Mönchengladbach verlagert. Im Juni 1964 befindet sich, abgesehen vom Wartungsbetrieb in Köln, die gesamte Produktion und Verwaltung der Rhein-Flugzeugbau GmbH am Flughafen Mönchengladbach in direkter Nachbarschaft zur Pferderennbahn. Die Rhein-Flugzeugbau GmbH verlagert ihren Firmensitz offiziell nach Mönchengladbach und wird im dortigen Handelsregister ab 1964 unter der Handelsregisternummer HRB 2612 geführt.

In Köln-Wahn unterhält das Unternehmen außerdem schon seit 1958 einen Wartungsstandort. An diesem Standort werden später vor allem die Flugzeuge der Flugbereitschaft, insbesondere die Percival Pembroke gewartet, die nur zur Überholung nach Mönchengladbach gebracht wird. 1966 übernimmt RFB von der Deutschen Luftfahrt Beratungsdienst GmbH die Zieldarstellungsflüge für die Bundeswehr und unterhält hierfür einen Standort am Flughafen Lübeck-Blankensee. Ende der sechziger Jahre erwirbt RFB noch zwei Tochter-Unternehmen mit eigenen Produktions-Standorten. Die Sportavia-Pützer betreibt einen Flugzeugbaubetrieb auf der Dahlemer Binz, der später ebenfalls in das Produktionsnetzwerk von RFB integriert wird. Die Elektromechanische Fluggerätebau E.M.F. wird als Gerätewerkstatt von RFB übernommen. Auch ihr Produktionsstandort in Hamburg wird später in das RFB-Netz integriert.

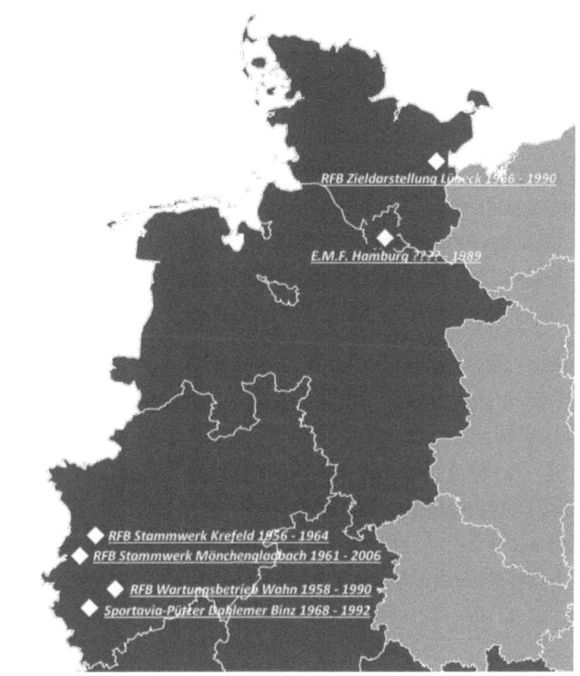

Standorte der Rhein-Flugzeugbau GmbH 1956 - 1994

Rhein-Flugzeugbau Areal in Mönchengladbach (035, RFB)

Rhein-Flugzeugbau bemühte sich von Anfang an um militärische Wartungs-Aufträge der neu gegründeten Bundes-Luftwaffe. Ab 1958 übernahm RFB die Betreuung der Percival Pembroke Flotte der Flugbereitschaft der Luftwaffe. Die Wartung wurde am Einsatzflughafen der Flugbereitschaft in Köln-Wahn durchgeführt, wozu RFB vor Ort in Köln einen Wartungsbetrieb einrichtete. Für die Überholung der Flugzeuge wird in Mönchengladbach Hallenplatz angemietet.

Nachdem eine Pembroke bereits am 8. Juli 1958 auf der Stahlmattenbahn in Mönchengladbach zu Versuchszwecken aufgesetzt hatte, landet die erste zur Überholung einfliegende Pembroke am 3. März 1959. Der RFB-Werftbetrieb wird offiziell am 16. April 1959 für die Pembroke-Überholung zugelassen. Anfänglich werden die Flugzeuge in der Mönchengladbacher Halle nur zerlegt und montiert. Teile, die eine Reparatur oder einen Werkstattdurchlauf erforderten, wurden per LKW ins RFB-Werk nach Krefeld-Uerdingen transportiert.

Percival Pembroke Instandsetzung in Mönchengladbach (036, RFB)

Ab 1961 übernimmt Carl Deilmann die RFB-Anteile seiner beiden Partner Willi Käther und Oskar Steinbach. Unter Theo Meyenburg als neuem Geschäftsführer wird der Flugzeugbau bei Rhein-Flugzeugbau zunächst eingestellt. Theo Meyenburg weitet vor allem das lukrative Wartungsgeschäft für die Bundeswehr in den nächsten Jahren erfolgreich aus und legt damit die soliden wirtschaftliche Basis für das Unternehmen in den nächsten 30 Jahren.

Im Jahr 1962 wird Rhein-Flugzeugbau als Reparaturbetrieb für De Havilland Flugzeuge in Deutschland zugelassen. De Havilland Dove und Heron dürfen damit in Mönchengladbach überholt und instandgesetzt werden. Die Zulassung erfolgt im Rahmen einer Kooperation mit dem Hawker Siddeley Verkaufsagenten Otto Wolff in Köln. Kurze Zeit später erhält RFB den Instandhaltungsvertrag für die Heron Flugzeuge der Bundeswehr. Ebenfalls 1962 wird Rhein Flugzeugbau als Piper Service Center ernannt. Neben der De-Flug KG in Frankfurt ist RFB damit in Deutschland das offizielle Service Center des Herstellerbetriebs Piper.

Ab 1965 steht Rhein-Flugzeugbau mit Mitsubishi in Verhandlungen. Diskutiert wird unter anderem auch ein Lizenzbau der Mitsubishi Mu-2 bei RFB. Letztlich bleibt es aber bei einem Wartungs-Abkommen, in dem Mitsubishi RFB die exklusive Instandhaltung für die Mu-2 in Europa einräumt. Die erste Mu-2 trifft am 18. April 1966 bei RFB im Rahmen einer Präsentations-Tour in Europa ein.

Mit der Übernahme der Ziel-Darstellungsflüge für die Bundeswehr kommen ab 1966 die Flugzeuge der Zieldarstellung hinzu, wie Harvard T6 und Hawker Sea Fury, sowie English Electric Canberra. Diese Flugzeuge werden im Wartungsbetrieb in Köln-Wahn gewartet. Am Einsatzstandort in Lübeck-Blankensee übernimmt RFB die Line-Maintenance. Die Hawker-Siddeley HS-125 der Flugbereitschaft kommt ab 1968 als neues Muster in das Wartungs-Portfolio von Rhein-Flugzeugbau hinzu.

Hawker Sea Fury Wartung, Köln
(037, RFB)

Mitte der sechziger Jahre besteht das Instandhaltungsgeschäft bei RFB etwa zu 50% aus militärischen Aufträgen und zu 50% aus zivilen Aufträgen. Allmählich verschwinden aber auch die Flugzeuge aus der Erstausstattung der Luftwaffe.

OV10 Instandhaltung, Mönchengladbach (038,RFB)

Die übernommenen Zieldarstellungsflugzeuge vom Typ Harvard AT6 werden 1968 in Mönchengladbach abgewrackt. Auch die Sea Fury verschwindet bis 1972 bei RFB. Sie wird durch das Nachfolgemuster OV10 ersetzt, die ab 1970 bei RFB instandgehalten wird. Die erste OV10 landet am 13. Juni 1970 zur Aufrüstung in Mönchengladbach. Im gleichen Jahr werden dann noch die Pervical Pembroke der Flugbereitschaft endgültig ausgemustert und in Mönchengladbach abgestellt. Mit der Eröffnung der neuen 800 Meter langen Start- und Landebahn 13/31 am 11. Oktober 1972 schafft der Flughafen Mönchengladbach auch die Voraussetzungen für eine ausreichende Infrastruktur, die ein regelmäßiger Flugbetrieb mit schwereren Maschinen, wie der OV10 benötigt. Im September 1972 übernimmt RFB vom Flughafen endgültig die bis dahin nur angemietete Flugzeughalle 1.

Mit Übernahme der Sportavia-Pützer übernimmt RFB 1968 die Wartung der Fournier-Flugzeuge in Deutschland. Auch die Wartung von Partenavia-Flugzeugen gehört zur Produkt-Linie in Mönchengladbach. Für Sonderaufgaben der Zieldarstellung erwirbt die Luftwaffe 1980 mehrere IAI-1124 Westwind aus Israel. Sie ersetzen die alten English Electric. Sie werden bei RFB umgerüstet und gewartet.

IAI-1124 Westwind Instandhaltung (039, RFB)

Die Instandhaltungsbetriebe unterstehen bei RFB dem technischen Leiter Hanno Fischer. Für 35 Jahre bleibt vor allem das lukrative, militärische Wartungsgeschäft das solide Kerngeschäft bei RFB. Erst mit Wegfall der militärischen Wartungsaufträge für die OV10 und IAI beginnt Ende der achtziger Jahre der wirtschaftliche Abstieg RFBs bis zur Insolvenz.

Neben der Flugzeuginstandsetzung entwickeln sich ab Mitte der sechziger Jahre die Zieldarstellungsflüge für die Bundeswehr zu einem weiteren wichtigen Standbein. Diese Flüge wurden bereits seit 1957 durch die Deutsche Luftfahrt Beratungsdienst GmbH (DLB) von Ernst Seibert durchgeführt. Die DLB unterhielt für diese Flüge eine Flotte von Harvard AT-6 und Hawker Sea Fury T.20 Flugzeugen. Während die Flüge von Lübeck-Blankensee über der Ostsee durchgeführt wurden, erfolgte die technische Überholung an der DLB Basis in Bonn-Hangelar und später Köln-Wahn. Zu Beginn der 60er Jahre verschlechterten sich die Beziehungen zwischen Bundeswehr und dem DLB. Extrem hohe Betriebs- und Ersatzteilkosten für die Sea Fury führten wiederholt zu Diskussionen. Schon 1962 wurde die Halterschaft der Flugzeuge vom DLB auf das Verteidigungsministerium übertragen. Als die Medien 1964 Korruptionsvorwürfe erhoben, schrieb das Bundes-Verteidigungs-Ministerium die Zieldarstellung neu aus. RFB gewinnt die Ausschreibung und übernimmt den Dienst ab 1966.

Am 1. Januar 1966 werden die ehemaligen DLB Flugzeuge vom Typ AT-6 und Sea Fury auf Rhein-Flugzeugbau zugelassen. Da die Landebahn in Mönchengladbach für die Sea Fury zu kurz ist, übernimmt RFB auch den 90 Mann starken DLB-Instandsetzungsbetrieb in Köln. Hier wird die Grundüberholung der Sea Fury durchgeführt. In Lübeck-Blankensee wird das operationelle Personal von 40 Mitarbeitern und die beiden ehemaligen DLB-Hangar übernommen. Außerdem übernimmt RFB noch drei in Köln stationierte British Electric Canberras, die Luftbildflüge für die Bundeswehr durchführen.

Hawker Sea Fury T.20 Zieldarsteller
(040, R. Steenbeck)

[6] Luebecker-Luftfahrt.de von Thomas Viertbauer

[7] Steenbeck, Alexander: 100 Jahre Blankensee. Höhen und Tiefen des Lübecker Flughafens. Lübeck 2016

English Electra Canberra B2, 1983
(041, © Mike Freer, GNU 1.2)

Zwei Jahre nach Übernahme des Zieldarstellungsdienstes werden die alten AT6 ausgemustert und in Mönchengladbach abgestellt. Teilweise werden die Maschinen über die Verwertungsstelle der Bundeswehr verkauft. Der Rest wird ab 1968 in Mönchengladbach abgewrackt. Auch die Sea Fury erreichen mit zwanzig Jahren inzwischen ihre Altersgrenze.

OV10-Heckkanzel mit Schleppzielen (042, RFB)

Als Nachfolger bestellt die Luftwaffe am 9. Mai 1969 bei North American 18 Flugzeuge vom Typ OV10B Bronco, die sukzessive die alten Harvard und Sea Fury ersetzen sollen. Die OV10B unterscheidet sich vom Ursprungsmuster durch ihre Ausrüstung als Zieldarstellung mit einem verglasten Rumpfheck, in dem der Beobachter das Schleppziel bediente. Unter dem Rumpf befindet sich ein Behälter mit dem Schleppziel und –seil. Eine spezielle Z-Version wurde mit einem General Electric J-85-GE-4 Triebwerk auf der Oberseite ausgestattet, mit dem zusätzliche 150 km/h erreicht wurden. Die ersten Zieldarstellung OV10B werden im April 1970 geflogen. Am 13. Juni 1970 erfolgte die erste Auslieferung einer OV10B in Mönchengladbach. Insgesamt werden 18 Flugzeuge ausgeliefert, davon sechs einfache OV10B und 12 weitere OV10BZ mit der GE Turbine. Eigner der Maschine ist die Materialprüfstelle der Bundeswehr für Luftfahrtgerät, die Bereederung und Wartung erfolgt wie bei den Sea Fury durch Rhein Flugzeugbau. Ab 1976 gehen die Flugzeuge an die Zieldarstellungsgruppe FDG über. Nach Abschluss der OV10-Auslieferung erfolgte ab 1974 die schrittweise Ausmusterung der Sea Fury TT20. Die Flugzeuge wurden durch die Vebeg übernommen und ins Ausland verkauft. Der letzte Flug einer Sea Fury erfolgt am 12. November 1975 von Lübeck zur technischen Basis in Köln.

North American OV10B Bronco (043, © Jakub Halun, GNU 1.2)

North American OV10B-Z Prototyp mit GE J85-GE-4 Turbine (044, RFB)

IAI-1124 Westwind in Mönchengladbach (045, RFB)

Um 1980 erweitert RFB seine Zieldarsteller-Flotte um vier IAI Westwind aus Israel. Sie ersetzen ab 1981 die Canberras und übernehmen die Radarzieldarstellung im oberen Luftraum. 1987 noch eine fünfte Westwind beschafft. Die gesamte Flotte wird 1989 aufgelöst und verkauft.

Rhein-Flugzeugbau führt mit der OV10B fast 18 Jahre lang Zieldarstellungsflüge für die Luftwaffe an der Ostsee durch. Ende der achtziger Jahre beginnt die Suche nach einem Nachfolgemuster. Die Wahl fällt schließlich auf die schweizerische Pilatus PC9. Die technische Betreuung und die Flugdurchführung wird vom Hersteller übernommen. Mit Stilllegung der letzten OV10B im Jahr 1990 enden die Zieldarstellungsflügen bei RFB mit der Aufgabe des Standorts in Lübeck-Blankensee. Auch die letzte große militärische Überholungslinie in Mönchengladbach und Köln-Wahn findet damit ihre Ende.

Von 18 OV10B, die RFB betrieben hat, waren drei durch Absturz verloren gegangen. Im Juni 1977 war zunächst die 99+22 verloren gegangen. Am 20. Juli 1982 gerät die 99+23 bei der Landung in Blankensee in Brand und brennt aus. Am 1. Juli 1988 stürzt die 99+19 bei Grosskoppel nahe Rantzau in ein Wohnhaus. Ein Bewohner des Hauses überlebt den Zwischenfall, der Pilot kommt ums Leben. Die Broncos lassen sich nur schwer durch die Vebeg verkaufen. Die Flugzeuge werden beim WTD61 in Manching abgestellt, aber auch im Luftwaffenmuseum und in Fassberg. Sukzessive werden die Flugzeuge dann an Museen abgegeben. Inzwischen wurden einige Maschinen wieder flugfähig hergestellt.

RFB Transport Container (046, RFB)

In den fünfziger Jahren hatte sich Rhein-Flugzeugbau neben dem eigentlichen Flugzeugbau und Wartungs-Geschäft auch der Fertigung von Neben-Produkten gewidmet, die im allgemeinen Stahlbau des Käther-Betriebs herstellbar waren. Hierzu gehörten eine Vielzahl von Leichtbau-Transport-Containern in unterschiedlichsten Ausführungen, die von RFB sowohl zivil als auch militärisch vermarktet wurden. Neben einfachen Lager-Containern gehören auch Büro- und Labor-Container zur Produktpalette von Rhein-Flugzeugbau, ebenso wie mobile militärische Kommando- und Kontroll-Container. Der Containerbau wird auch nach der Trennung vom Käther-Betrieb bei Rhein-Flugzeugbau in Mönchengladbach fortgeführt. Teilweise sind diese vielseitigen RFB-Container noch heute in ziviler und militärischer Nutzung zu finden.

In den sechziger Jahren übernimmt Rhein-Flugzeugbau die Fertigung von Teilen für andere Flugzeughersteller. RFB ist an der Herstellung von Teilen für die Fiat G91, den Lockheed F104G Starfighter und die Dornier Do 27 und Do 28 beteiligt. Für die holländischen Fokker-Werke stellt RFB Teile für die Fokker F27 her. In den Achtzigern war RFB für das Airbus A300/310 Programm tätig.

Fertigung von Aphajet Schleudersitzen (047, RFB)

Im Alphajet-Programm übernimmt Rhein-Flugzeugbau die Fertigung amerikanischer Schleudersitze in Lizenz. Später führt RFB Wartung und Instandsetzung im Auftrag der

Luftwaffe an der Alphajet-Flotte durch. Rhein-Flugzeugbau entwickelt auch Zieldarstellungskörper. Fast zehn Patente entstehen im Bereich Zieldarstellung bei RFB, z.B. Treffer-Ermittlungs- und Abwehrsysteme.

GFK-Flügelproduktion (048, LFU-Abschlussbericht)

Nach der Zusammenarbeit von RFB, Bölkow und Pützer im Rahmen der Leichtflugtechnik Union zählt Rhein-Flugzeugbau zu den weltweit wenigen Betrieben mit Erfahrungen im GFK-Bau von Flugzeugbauteilen. Unter anderem entstehen Ende der sechziger Jahre bei RFB Steuerflächen der Transall in GFK-Bauweise, die zu erheblichen Gewichtseinsparungen führen. Der GFK-Produktions-Bereich wird von vielen Luftfahrtunternehmen für die Fertigung von GFK-Teilen genutzt. Ein Schwerpunkt wird die Entwicklung und Herstellung von Kabinenbauteilennach Kundenspezifikation Die Erfahrungen in der Schlauchbauweise tragen maßgeblich zur weltweiten Anerkennung der Technologieführerschaft von Rhein-Flugzeugbau im GFK-Bereich bei.

Während der Produktionsbereich von Rhein-Flugzeugbau in den sechziger Jahren sich schwerpunktmäßig in der Flugzeuginstandhaltung positioniert, arbeitet Hanno Fischer weiter an den Problemen des Ringflügels und der Mantelstromtriebwerke, sowie der Nutzung von GFK- und Composite-Bauteilen in Luftfahrtgeräten. Im Rahmen eines Forschungsantrags zur Nutzung von Kunststoffen in Luftfahrzeugen beim nordrhein-westfälischen Wirtschafts-Ministerium wird eine Zusammenarbeit von RFB mit den Firmen Pützer und Bölkow angeregt.

Sowohl die Bölkow Apparatebau GmbH als auch die Alfons Pützer KG bzw. deren Tochter PKT Kunststofftechnik GmbH arbeiten bereits seit 1961 an der Untersuchung von Kunststoff-Werkstoffen für den Leichtflugzeugbau. Bei Bölkow war zu diesem Zeitpunkt bereits ein Leichtflugzeug für 2-3 Passagiere unter der Bezeichnung Bo 205 unter Hermann Mylius in der Entwicklung. Alfons Pützer stellt mit seiner Pützer Kunststofftechnik die werkstoffseitige Expertise zur Verfügung. Das Bundesverteidigungs-Ministerium fördert ihre Zusammenarbeit im Rahmen der Studiengesellschaft für Leichtflugzeugbau bereits seit 1961.

Während einer weiteren Besprechung der Studiengesellschaft mit verschiedenen Ministerien am 14. Juni 1962 regt Oberregierungsrat Limpert vom nordrhein-westfälischen Wirtschaftsministerium die Aufnahme von Rhein-Flugzeugbau in die Studiengesellschaft an, um Fördergelder aus Nordrhein-Westfalen für ein Forschungsprojekt „Neuartige Bauweisen, insbesondere im Leichtflugzeugbau" bereitstellen zu können. Die von Bölkow vorgeschlagene Bo 205 sollte Versuchsträger werden und vollständig in Kunststoffbauweise ausgeführt werden. Hanno Fischer und Ludwig Bölkow nähern sich bezüglich der Forschungsinhalte an und beschließen eine Aufnahme der Forschungsarbeit. Am 16. Januar 1963 gründen die drei Partnerunternehmen in Bonn die Leichtflugzeugtechnik Union GmbH mit einem Firmenkapital von 21000 DM. Die Geschäftsführung wird durch Theo Meyenburg für RFB, Richard Schreiber als Prokurist für Bölkow und Alfons Pützer wahrgenommen. Erich Ufer von Bölkow und Hanno Fischer werden als technische Leiter im Unternehmen tätig und erhalten Prokura. Im Mai 1964 wird ein wissenschaftlicher Beirat gebildet. Er setzt sich zusammen aus Ministerialrat von Halem für das Bundesverteidigungs-Ministerium, Prof. Hütter von der DFL Stuttgart und Dr. Niederstadt von der DFL Braunschweig, sowie von der Prüfstelle für Luftfahrtgerät PfL Dipl.-Ing. Schatt. Außerdem beteiligte sich die Technische Universität Braunschweig mit dem Institut für Leichtbau und Flugzeugbau von Prof. Tielemann. Der Sitz des Unternehmens ist in das Bölkow-Büro in Bonn auf der Adenauer Allee 68.

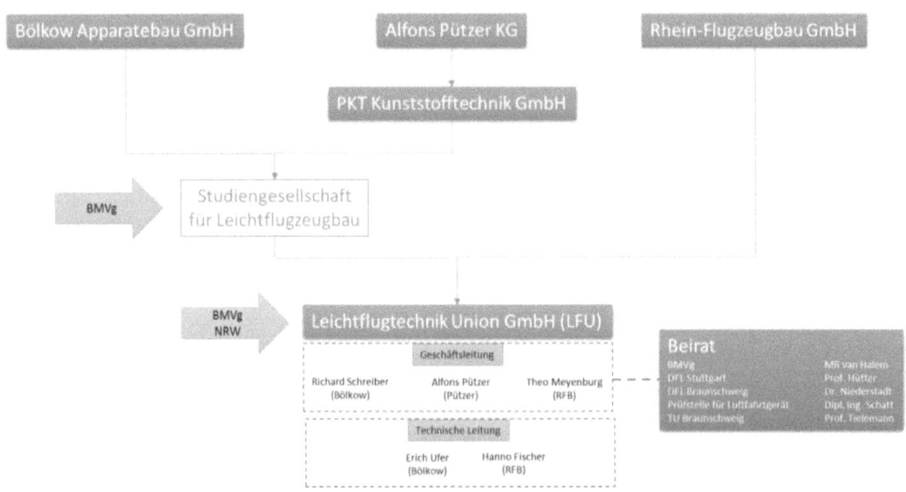

Ziel des Unternehmens ist die Herstellung eines Leichtflugzeugs, das vollständig inklusive seiner tragenden Teile aus Kunststoff hergestellt wird. Obwohl die Verwendung von Kunststoffen bereits in einer Vielzahl von Applikationen verbreitet ist, muss im Bereich Luftfahrt zu dieser Zeit noch Grundlagenarbeit geleistet werden. Vor allem Material-Untersuchungen zur Festigkeit und Wärmeempfindlichkeit bis hin zur Veränderung der Eigenschaften durch Lackierungen gehören zu den betrachteten Themen. Auch die Eigenschaften der neueren glasfaserverstärkten Kunststoffe werden untersucht, ebenso wie die Fertigungsverfahren bei der Herstellung von Kunststoff-Bauteilen und der notwendigen Werkzeuge. Vieles wird in umfangreichen Tests an Versuchsbauteilen nachgewiesen und entwickelt.

Insgesamt stehen drei Millionen DM Forschungsmittel zur Verfügung, die das Bundesverteidigungsministerium, das Bundeswirtschaftsministerium und die beiden Wirtschaftsministerien des Landes Nordrhein-Westfalen und Baden-Württemberg zur Verfügung stellen. Die Gesellschafter steuern weitere 20% Eigeninvestitionen bei. Die Gesamtkoordination für das Projekt liegt bei Bölkow. Ebenso die von Hermann Mylius verantwortete Konstruktion in Ottobrunn und der Bau des Rumpfes, sowie die Durchführung der Endmontage und Zulassung des Flugzeugs im Bölkow-Werk in Laupheim. Die Pützer-

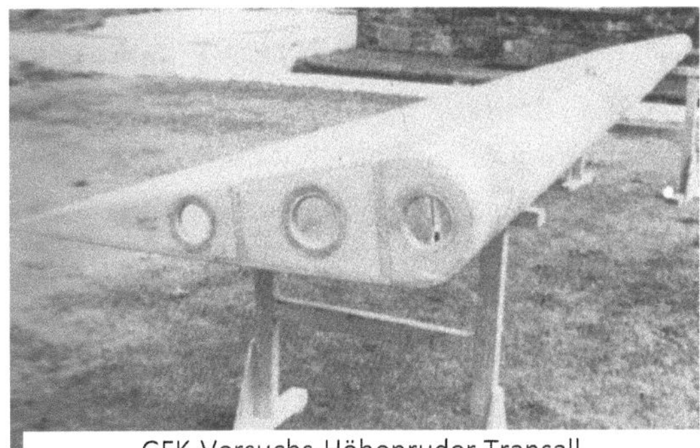

GFK-Versuchs-Höhenruder Transall
(050, LFU-Abschlussbericht)

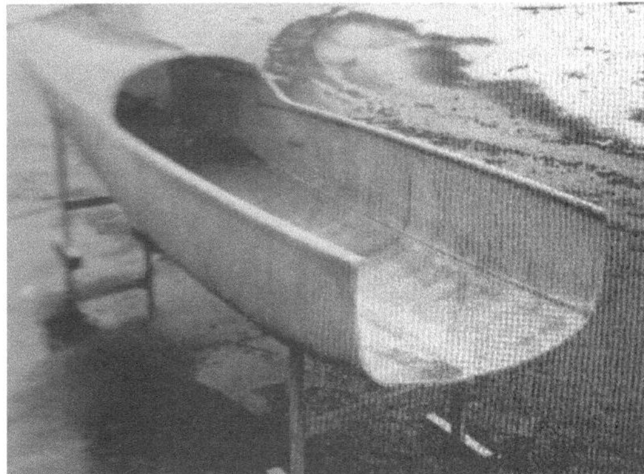

GFK-Rumpfschale der LFU-205 von Bölkow
(051, LFU-Abschlussbericht)

GFK-Flügel der LFU-205 von RFB
(052, LFU-Abschlussbericht)

Kunststofftechnik widmet sich dem Vorrichtungsbau und dem Bau der Leitwerke. Rhein-Flugzeugbau ist für den Bau der Tragflächen und zweier Versuchstragflächen verantwortlich.

Die Grundlagenforschung der drei Unternehmen dauert fast drei Jahre. Neben allgemeinen Materialuntersuchungen von verschiedenen Epoxidharzen und Härtern und dem Vergleich von Wellen- und Schlauchbauweisen wurde auch ein Flügel durch fast 6,5 Millionen Lastwechsel künstlich auf 36000 Flugstunden gealtert ohne dabei an Festigkeit zu verlieren. Zur direkten Vergleichbarkeit mit konventionellen Metallbauteilen wurden fünf Transall-Ruder aus Kunststoff nachgebaut. Sie ermöglichen eine Kostenersparnis von 20% in der Herstellung und reduzieren das Gewicht von 52 kg um 25% auf 39 kg gegenüber konventionellen Metallrudern.

Im April 1967 beginnt Erich Ufer mit der Auslegung des Flugzeugs. Er greift auf das Design der Bo 205 von Mylius zurück. Die LFU-205 ist ein einmotoriger, viersitziger Reisetiefdecker mit 200 PS Lycoming J0-360-A1C Motor in GFK- und Monocoque-Bauweise ohne interne Rippenstruktur.

Jeder der drei Partner übernimmt die Fertigung einer eigenen Baugruppe. Bölkow baut den Rumpf, Pützer konzentriert sich auf das Leitwerk und Rhein-Flugzeugbau baut die Tragflächen. Alle Bauteile werden in sogenannter Schlauchbauweise ausgeführt. Die Endmontage erfolgt bei Bölkow in Laupheim.

LFU-205 Prototyp D-ELFU 1968 (053, LFU-Datenblatt)

Weniger als ein Jahr nach Beginn der Auslegungsarbeiten steht das fertige Flugzeug im April 1968 zur Verfügung. Der Erstflug der LFU-205 mit der Zulassung D-ELFU findet am 29. März 1968 mit Herbert Plasa am Steuer in Laupheim statt. Das Flugzeug wird danach auf der Internationalen Luftfahrt Ausstellung ILA 1968, sowie auf dem Pariser Aero Salon 1969 ausgestellt und findet starken Anklang unter den technischen Besuchern. Auffallend am Prototypen ist die glatte Oberfläche des Flugzeugs. Es gibt keine gewohnten Blechstöße oder Nieten. Die LFU-205 erreicht damit gegenüber konventionellen Flugzeugen höhere Geschwindigkeiten oder Reichweiten, zumal sie leichter als konventionelle Baumuster ist. Nach dem Erstflug setzen die Partner zunächst noch die Zusammenarbeit zur Optimierung der LFU-205 fort, um weitere Gewichtsreduzierungen zu realisieren. Das Bölkow-Team erwägt im eigenen Unternehmen aufsetzend auf der LFU-205 eine Weiterentwicklung als Bo-211 zu forcieren, die als Monsun Bo-209 Nachfolger entwickelt werden soll. Doch die Bölkow GmbH schließt sich 1969 mit Messerschmitt zur Messerschmitt-Bölkow GmbH zusammen. Ein Jahr später entsteht durch Einbeziehung von Blohm und Voss der MBB-Konzern, der die 33% Anteile der Bölkow GmbH an der Leichtflugtechnik Union GmbH 1970 übernimmt.

Leichtflugtechnik Union	LFU 205
Besatzung	2 + 2
Länge	7,44 m
Spannweite	10,50 m
Flügelfläche	16,35 m²
Höhe	2,30 m
Leermasse	947 kg
Max. Startmasse	1280 kg
Höchstgeschwindigkeit	325 km/h
Gipfelhöhe	3600 m
Reichweite	550 NM
Triebwerk	1 x Lycoming IO360-A1C mit 200 PS

Etwa zur gleichen Zeit verkauft Carl Deilmann seine RFB-Geschäfts-Anteile an die Vereinigten Flugtechnischen Werke VFW, den Gegenpol zum entstehenden MBB-Konsortium. Die Leichtflugtechnik Union GmbH wird dadurch zwischen den beiden konkurrierenden Luftfahrtblöcken in Deutschland aufgeteilt. Im September 1971 beschließt die MBB Geschäftsführung die Einstellung des gesamten Geschäftsfelds Leichtflugzeugbau. Damit enden die Aktivitäten des Bölkow-Teams. Weder die Bo 211 entsteht, noch kommt es zu nennenswerten Anschlussforschungen innerhalb der LFU.

In den kommenden Jahren wird an der luftrechtlichen Zulassung von Kunststoff-Materialien gearbeitet. Die letzte Muster-Zulassung der LFU-205 wird 1977 erteilt. Die Leichtflugtechnik Union GmbH existiert noch 1974 unter Leitung von Hanno Fischer für RFB und Richard Schreiber für MBB. Später scheint das Unternehmen vollständig in den Besitz von RFB übergegangen zu sein. Ihre Geschäftsanteile gehörten noch 1995 zur Insolvenzmasse der Rhein-Flugzeugbau GmbH.

Die LFU-205 wird 1984 von der Forschungsanstalt für Luft- und Raumfahrt DLR übernommen. Die DLR setzt das Dauer-Erprobungsprogramm des Flugzeugs bis heute fort. Fast 50 Jahre nach ihrem Erstflug fliegt die LFU-205 heute als Versuchsträger der DLR. TC-Halter ist die Airbus Defence and Space GmbH.

Ende der sechziger Jahre existieren in West-Deutschland vier bis fünf große Luftfahrtblöcke:

- Messerschmitt AG
- Bölkow GmbH
- Vereinigte Flugtechnische Werke
  durch den Zusammenschluß von Focke-Wulf und Weserflug
- Dornier GmbH
- Hamburger Flugzeugbau

Um Forschungs- und Entwicklungsmittel gezielter einsetzen zu können, war die Bundesregierung an einer weiteren Konsolidierung im deutschen Luftfahrzeugbau interessiert. Rhein-Flugzeugbau war Ende der sechziger Jahre zum größten unabhängigen Flugzeugbauer außerhalb der vier großen Machtblöcke in Deutschland aufgestiegen. Es war für Carl Deilmann offensichtlich, dass Rhein-Flugzeugbau in Anbetracht der Konzentrationsbestrebungen des Bundes einem der vier großen Blöcke beitreten musste, um weiterhin lukrative Wartungs-Aufträge des Bundes zu erhalten.

Da Rhein-Flugzeugbau innerhalb der großen Blöcke von Messerschmitt, Bölkow und Vereinigte Flugtechnische Werke VFW nur eine untergeordnete Rolle spielen würde, orientierte sich Deilmann zunächst auf die beiden kleineren Unternehmen Dornier und Hamburger Flugzeugbau. Beim kleineren Hamburger Flugzeugbau von Blohm & Voss zeichnete sich Ende der sechziger Jahre bereits das Scheitern der HFB-320 Entwicklung ab. Der Hamburger Flugzeugbau wurde daher eher selbst ein Übernahme-Kandidat für die beiden großen Blöcke. Mit Dornier hatte man bei Rhein-Flugzeugbau bereits gute Erfahrungen beim Teilebau für die Do 27 und Do 28 gemacht. Ähnlich wie RFB mit der RW-3 und RF-1 war auch das Dornier-Produkt-Portfolio auf den propellergetriebenen STOL-Flugzeugbau ausgerichtet. Rhein-Flugzeugbau war andererseits für Dornier auf Grund der Erfahrungen im Kunststoffbereich und des breit aufgestellten Wartungsbetriebs von Interesse. Schon 1967 nimmt Carl Deilmann Verhandlungen mit der Dornier GmbH über eine Beteiligung an Rhein-Flugzeugbau auf.

Zur gleichen Zeit verhandelt Ludwig Bölkow mit den Vereinigten Flugtechnischen Werken in Bremen über einen Zusammenschluss der beiden Unternehmen. Am 9. August 1967 stehen beide Konzerne vor der finalen Abschlussverhandlung. Auf dieser Sitzung kommt es jedoch zu einem Eklat, nachdem der VFW-Aufsichtsrat darauf besteht, dass die Geschäftsführung des künftigen Bölkow-VFW Konzerns durch VFW wahrgenommen werden soll. Die Verhandlungen werden von der Bölkow-Seite abgebrochen. Ein Jahr später am 7. Juni 1968 fusioniert Bölkow mit Messerschmitt zur Messerschmitt-Bölkow GmbH.

Nach den gescheiterten Verhandlungen mit Bölkow und dem bevorstehenden Zusammenschluss von Messerschmitt und Bölkow zum größten deutschen Luftfahrtkonzern ist VFW auf Zusammenschlüsse mit den übrigen deutschen Luftfahrt-Unternehmen angewiesen. Bei Dornier in Friedrichshafen setzt man auf unternehmerische Eigenständigkeit. Mit dem Hamburger Flugzeugbau strebt VFW ein norddeutsches Gegengewicht zum Messerschmitt-Bölkow Konzern im Süden an. Auch an den RFB-Anteilen von Carl Deilmann ist VFW interessiert. 1968 verkauft Deilmann 65% seiner RFB-Anteile an die Vereinigten Flugtechnischen Werke. Für den Mehrheitsanteil an RFB erhält Carl Deilmann 3,5 Millionen DM. Carl Deilmann war als Flieger den innovativen Entwicklungsideen von Hanno Fischer stets aufgeschlossen. Allerdings gab es für neue Entwicklungen stets finanzielle Grenzen. Hier eröffnet sich für Hanno Fischer mit der Übernahme durch VFW neue Möglichkeiten. Technologisch waren beide Unternehmen auf Grund unterschiedlicher Portfolios aber weiter voneinander entfernt, als die Wunschbeteiligung Dornier.

Die Verhandlungen mit der Familie Blohm über den Hamburger Flugzeugbau gestalten sich hingegen schwierig, da die Familie gleichzeitig mit beiden großen Konzernen verhandelt. Am 14. Mai 1969 gibt die Familie Blohm schließlich ihren Beitritt zur künftigen Messerschmitt-Bölkow-Blohm GmbH bekannt.

VFW führt auch Kooperations-Gespräche auf internationaler Ebene, unter anderem mit Fokker in den Niederlanden. Im Mai 1969 waren die Gespräche zwischen beiden Unternehmen soweit fortgeschritten, dass man zeitgleich zur MBB-Gründung die Formierung der VFW-Fokker GmbH bekannt geben konnte. An diesem Unternehmen waren die Mutterkonzerne VFW und Fokker zu je 50% beteiligt. Die VFW-Geschäftsanteile des Rhein-Flugzeugbaus gehen 1969 in den Besitz der VFW-Fokker GmbH über. Carl Deilmann verkauft 1971 seine verbliebenen 35% an VFW-Fokker. Rhein-Flugzeugbau wird ein komplettes Tochterunternehmen der VFW-Fokker-Gruppe. Mit dem Ausscheiden von Carl Deilmann gibt auch Theo Meyenburg seine Position als Geschäftsführer bei Rhein-Flugzeugbau auf und kehrt in den Deilmann-Konzern zurück. Er übernimmt später für die Deilmann Union die Geschäftsführung der Braunschweiger Maschinenbau Anstalt BMA.

Nach der vollständigen Übernahme von Rhein-Flugzeugbau durch VFW soll RFB nach dem Modell von Weserflug und Focke-Wulf in VFW aufgehen und als VFW-Zweigwerk weitergeführt werden. Hanno Fischer, der ohne Deilmann und Meyenburg inzwischen als letzte Führungskraft aus der alten RFB-Führung verblieben ist, überzeugt das VFW-Management aber von den Kostenvorteilen eines autonomen Mönchengladbacher Standorts und den Integrationsproblemen unterschiedlicher Technologien bei RFB und VFW.

RFB-Geschäftsführer 1971-1988
Wolfgang Kutscher (055, RFB)

Rhein-Flugzeugbau bleibt als eigenständiges Unternehmen bestehen. VFW beschränkt sich auf die kaufmännische Führung des Unternehmens als Gesellschafter. Hinsichtlich der technischen und vertriebsmässigen Zusammenarbeit zwischen RFB und VFW wird ein Management-Beirat eingerichtet, der die Aktivitäten beider Unternehmen in Zukunft koordinieren soll.

Nach dem Ausscheiden von Theo Meyenburg als Geschäftsführer entsendet VFW Wolfgang Kutscher 1971 als neuen Geschäftsführer zu Rhein-Flugzeugbau. Hanno Fischer bleibt weiterhin technischer Leiter des Unternehmens. Er vertritt die technischen Belange von RFB gegenüber dem VFW-Beirat und im Rahmen der Werksleiter-Sitzungen.

SPORTAVIA PÜTZER
GMBH & CO. KG

Schon kurz nach der Übernahme durch die Vereinigten Flugtechnischen Werke VFW erwirbt Rhein-Flugzeugbau 1969 Anteile an der Sportavia Pützer GmbH. Das Unternehmen wurde 1964 von Alfons Pützer, Anotine D'Assche und Rene Fournier auf der Dahlemer Binz bei Schmidtheim in der Eifel gegründet. Zunächst war Sportavia eine reine Vertriebsorganisation für RF-3, die Rene Fournier entwickelt hatte. Gebaut wurden diese Flugzeuge seit 1963 in der Societe Alpavia von Anotine D'Assche. Da Alpavia mit der Serienaufnahme des Nachfolgemusters RF-4 überfordert war, übernimmt Sportavia-Pützer nach der Fertigstellung von drei Vorserien-Maschinen bei Alpavia ab 1966 die Serienfertigung auf die Dahlemer Binz, wo 155 RF-4D mit den Werksnummern 4004-4158 entstehen.

Alfons Pützer (056)

Sportavia-Pützer RF-4 auf der Dahlemer Binz (057, RFB-Sportavia)

Auch das Nachfolgemuster die zweisitzige RF-5 wird ab 1968 auf der Dahlemer Binz bei Sportavia gebaut. Bis 1975 entstehen insgesamt 125 RF-5. Weitere 99 RF-5 Sperber entstehen, die ausschließlich für den deutschen Markt produziert werden und von Sportavia-Pützer angepasst werden. Ende der sechziger Jahre ist das Klima zwischen Rene Fournier und der Sportavia um Alfons Pützer abgekühlt. Bereits bei der RF-5 hatte Rene Fournier erwogen, eine eigene Produktion in Nitray bei Tours aufzubauen. Zwar einigt man sich auf eine Lizenzfertigung, aber die Abhängigkeit von Fournier war offensichtlich geworden.

Sportavia-Pützer RS-180 Produktion (058, RFB)

Pützer sucht deshalb Ende der sechziger Jahre nach anderen Partnern, für die Sportavia eine Lizenzfertigung übernehmen kann. Schon 1968 kommt es zu einer Zusammenarbeit mit der Scheibe Flugzeugbau GmbH bei der Entwicklung der Scheibe-Fournier-Sportavia SFS-31 Milan. Für diesen Entwurf wird auf den Flügel der Scheibe SF-27M und den Rumpf einer RF-4D zurückgegriffen. Der längere Flügel des SF-27 verbessert die Segelflugeigenschaften der RF-4. Allerdings kann Sportavia nur 14 dieser SFS-31 bis 1973 absetzen. Pützer gelingt es auch mit Scheibe zu einer Lizenzvereinbarung über die SF-25 Fertigung zu kommen. Mit American Aircraft Corp. in Cleveland führt Pützer 1968 Gespräche über eine Zusammenarbeit bei der in Entwicklung befindlichen AA-1 Yankee, einer Weiterentwicklung der Bede BD-1. Sportavia-Pützer übernimmt schließlich den Vertrieb der American Aircraft Flugzeuge in Europa. Aus dieser Vertriebspartnerschaft sollte sich nach der Übernahme von American Aircraft durch Grumman Aviation ab 1972 auch für Rhein-Flugzeugbau eine wichtige Partnerschaft bei der Entwicklung gemeinsamer neuer Flugzeuge ergeben.

Um eigene Entwicklungen zu betreiben, benötigt Pützer einen finanziellen Partner. Diesen findet er 1969 in seinem Technologiepartner aus der Leichtflugtechnik Union mit Rhein-Flugzeugbau. RFB übernimmt die Anteile von d'Assche an Sportavia. Pützer und RFB sind damit ab 1969 gleichberechtigte Partner an Sportavia, die das Unternehmen über einen Beirat steuern. Pützer war zu dieser Zeit gerade dabei, die Erkenntnisse aus der Leichtflugtechnik Union in seinen Werkstätten umzusetzen und den Bereich Verbundfaser-Kunststoffe auszubauen. Für RFB ergab sich damit die Möglichkeit, insbesondere in der Teile-Fertigung auf die Sportavia-Werkstätten zugreifen zu können. Obwohl die späteren Sirius-Motorsegler von RFB reine Versuchsträger waren, testet Sportavia 1973 deren Vermarktbarkeit. Für den Serienbau dieser Metallsegler fehlte bei Sportavia aber die Metallerfahrung.

Sportavia-Pützer RS-180 Sportsman (059, © Felix Goetting, GNU 1.2)

Ab 1973 intensiviert sich nach dem Erstflug der RF-6 auch wieder die Zusammenarbeit zwischen Fournier und Sportavia. Die RF-6 ist Fourniers erster wirklicher Motorflugzeug-Entwurf. Wie die RF-4/5 ist auch dieser Entwurf in Holzbauweise ausgeführt. Da Sportavia die Vermarktungschancen für gering hält, wird die Konstruktion bei Sportavia bis 1976 komplett überarbeitet. Der Rumpf wird verlängert und die Kabine vergrößert. Die Tragflächen werden komplett überarbeitet. Im April 1976 startet die so überarbeitete RF-6C zu ihrem Erstflug.

Nach dem Absturz des Prototypen muss 1977 das Leitwerk verändert werden. Im Juni 1978 erfolgt schließlich die Verkehrszulassung für die inzwischen als RS-180 Sportman bezeichnete Maschine.

Als Rene Fournier 1976 in Nitray seinen eigenen Flugzeugbaubetrieb Avions Fournier eröffnet, verschlechtern sich die Beziehungen zwischen Fournier und Sportavia-Pützer erneut. Es zeichnet sich ab, dass künftige Entwicklungen Fourniers nicht mehr bei Sportavia produziert werden. Um sich für eine mögliche Produktion von RFB-Flugzeugen bei Sportavia den notwendigen Einfluss zu sichern, übernimmt Rhein-Flugzeugbau im Januar 1977 die Geschäftsanteile von Alfons Pützer. Sportavia ist damit in Alleinbesitz von RFB. Die RS-180 Sportsman verkauft sich schlecht. Nur zwanzig Maschinen werden bei Sportavia bis 1980 hergestellt. Unabhängig von Sportavia vertreibt Fournier seine originale RF-6B mit seiner inzwischen gegründeten Avions Fournier. Hiervon werden bis 1980 immerhin 46 Flugzeuge verkauft. In den achtziger Jahren wird die RF-6B in England auf Verwendung von Verbundwerkstoffen umkonstruiert und als T67 erfolgreich verkauft

Nach dem Ende der erfolgreichen RF-4 und RF-5 Produktion Mitte der siebziger Jahre, der dreijährigen Verzögerung beim Produktionsstart der RS-180 und den dann noch enttäuschenden Verkaufszahlen der RS-180 gerät Sportavia Ende der achtziger Jahre in wirtschaftliche Probleme. Auch die Zusammenarbeit mit Grumman American Aircraft endet im Herbst 1978, nachdem Grumman die Reiseflugzeugsparte an American Jet Industries, die spätere Gulfstream American Corp. verkaufte. Rhein-Flugzeugbau integriert daraufhin Sportavia in seine eigene Unternehmensstruktur. Das Vermarktungslabel „Sportavia“ wird aufgegeben. Die Dahlemer Binz wird Produktionsstandort von Rhein-Flugzeugbau. Kurze Zeit wird die Sportsman noch unter RFB-Label als RFB RS-180 vermarktet bevor die Produktion Anfang 1981 endgültig eingestellt wird.

Entwicklungstechnisch blieb Sportavia-Pützer während der Jahre ihres Bestehens unabhängig vom Mutterunternehmen Rhein-Flugzeugbau. Sämtliche bei Sportavia gebauten Muster basierten auf Entwürfen von Rene Fournier. Die Anpassungen und Überarbeitungen erfolgten eigenständig auf der Dahlemer Binz ohne Unterstützung aus Mönchengladbach. Hanno Fischers Einfluss beschränkte sich im Wesentlichen auf die Rolle des Technikvertreters im Beirat. Andererseits bot auch die ausschließlich auf Holzbauweise spezialisierte Sportavia wenig technologische Erkenntnisse für die auf Metall- und Verbundwerkstoffe ausgerichtete RFB. Der Aufbau von Produktionslinien für RFB-Entwürfe hätte auf der Dahlemer Binz hohe Investition erfordert.

Neben erhofften, wirtschaftlichen Vorteilen bestand der Nutzen der Sportavia-Beteiligung für RFB letztlich ausschließlich in den Verbundfaser-Werkstätten, die bis in die neunziger Jahre auf der Dahlemer Binz als Produktionsstandort von Rhein-Flugzeugbau die Teilefertigung übernahmen. Für das Crew-Training baute man auf der Dahlemer Binz Kabinen-Mockups im Maßstab 1:1 für Airbus-Flugzeuge. Ein weiteres Hauptstandbein für den Dahlemer Betrieb blieb die Wartung von Fournier-Flugzeugen in Deutschland. Teile des Dahlemer Betriebs sind nach dem RFB-Verkauf an ABS International 1992 aus dem RFB-Verbund herausgelöst und in die ABS Aircraft GmbH überführt worden. Nach dem Konkurs der ABS-Gruppe wird dieser Betrieb in die E.I.S. Aircraft GmbH überführt. Der Standort an der Dahlemer Binz wird erst 2014 aufgelöst und nach Euskirchen verlagert.

Ab Mitte der sechziger Jahre wendet sich Hanno Fischer wieder den Antriebsproblemen zu und greift dabei im weiteren Sinne die Idee des Channelwing aus der RF-1 wieder auf. Die Möglichkeit einer Schubsteigerung, insbesondere im Stand und bei niedrigen Vorwärtsgeschwindigkeiten durch Ummantelung einer Luftschraube zur Vermeidung der Strahlkontraktion sind schon seit längerem bekannt. Ummantelte Luftschrauben ermöglichen damit bei gleicher Antriebsleistung des Motors und gleicher Luftschraube einen bis zu 30% höheren Standschub gegenüber einem freilaufenden Propeller oder aber im Fall der Beibehaltung des Standschubs die Verwendung einer deutlich kürzeren Luftschraube und damit geringerer Anforderungen an die Bodenfreiheit des Flugzeugs. Die Strahlkontraktion wird maßgeblich durch die Gestaltung der Mantelnase beeinflusst. Um den Abriss in der Nase bei niedrigen Geschwindigkeiten oder im Stand zu vermeiden, sind große Einlaufradien erforderlich, die einen dicken und langen Mantel mit hohem Widerstand und Gewicht erfordern. Diese wirken bei höheren Geschwindigkeiten wiederum störend. Um den Mantel sowohl bei niedrigen als auch hohen Geschwindigkeit effizient zu nutzen, konstruiert Dr. Aichert einen Vorring, der wie ein automatischer Vorflügel einen Spalt abhängig vom Druckverlauf öffnet oder schließt. Ein weiteres Problem stellt die Anordnung der Mantelschraube am Flugzeug dar. Die im Einmot-Bereich übliche Zugschrauben-Anordnung bedingt Strahlverluste durch Anblasen des Rumpfs und der Flügelanschlußstücke, die mit einem Druckpropeller vermieden werden können, zumal eine geringere Beeinflussung der Grenzschicht erfolgt. Fischer beabsichtigt daher die Integration des Mantels für einen Druckpropeller im Rumpf hinter dem Cockpit. Der Mantel soll zur Gewichtsreduzierung in GFK-Bauweise ausgeführt werden. Das Prinzip der Auslegung eines Segelflugzeugs mit

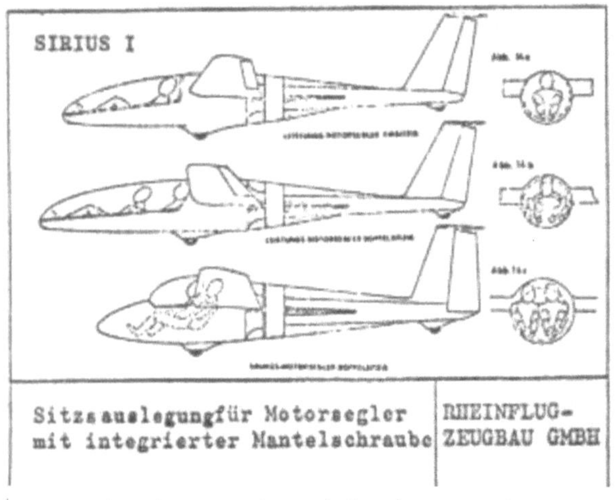

Anordnung von Mantelschrauben-Antrieben (060, RFB-Vortrag)

Manteltriebwerk beschreibt Fischer im Oktober 1966 mit dem Patent DE1506089A1 „Flugzeug, insbesondere Motor-Segelflugzeug, mit Luftschraubenantrieb", sowie im August 1968 mit der Patentnummer DE1781112A1 „Flugzeug, insbesondere Segelflugzeug mit Luftschraubenhilfsantrieb". Zur Erprobung beabsichtigt Fischer 1969 den Aufbau eines Versuchsträgers unter der Bezeichnung „Sirius" auf Basis eines konventionellen Segelflugzeugs.

RFB Sirius I Motorsegler D-KIFB (061, RFB)

Der Sirius ist ein Motorsegler ähnlich der RW-3 mit einem im Rumpf hinter dem Cockpit verbauten Motor, der einen ummantelten Propeller im hinteren Rumpfbereich antreibt. Als Basis für den Sirius greift Fischer auf einen FK.3 Segler des Mutterunternehmens VFW-Fokker zurück. Der VFW FK.3 wurde bei VFW-Speyer von Otto Funk entworfen und flog erstmals im April 1968 in Speyer. Von der FK.3 werden Flügel und Heck übernommen. Zwischen Cockpit und Rumpfheck wird die von Hanno Fischer entworfene Mantelschraube einschließlich des Motorraums eingesetzt. Als Antrieb wird zunächst ein 48 PS luftgekühlter Nelson Zweitaktmotor verwendet. Im Mai 1969 startet Hanno Fischer in Mönchengladbach zum Erstflug mit der Sirius D-KIFB. Noch im gleichen Monat wird der Sirius mit einem Fichtel und Sachs Motor auf dem Pariser Aero Salon 1969 der Öffentlichkeit vorgestellt.

Die anschließende Erprobung des Sirius führt in den Jahren 1969 und 1970 zu vielfachen Änderungen, in deren Verlauf das Heck mehrfach im Bereich des Mantelpropellers zur besseren Integration modifiziert wird. Auch die Motorisierung wird mehrfach verändert. Der 4-Zylinder 2-Takt Nelson-Motor wird gegen einen ebenfalls 48 PS starken Yamaha 2-Zylinder 2-Takt Motorrad Motor getauscht. Später kommen dann zwei Fichtel und Sachs Motore mit je 20 PS zur Anwendung, die vor und hinter dem Propeller angeordnet werden.

RFB Sirius II Motorsegler D-KAFB (062, RFB)

Ab 1971 beschäftigt sich Fischer mit der Frage der Auswirkungen des Strahlstroms auf das Leitwerk. Zur Erprobung hoch- und tiefliegender Höhenleitwerksflächen entsteht 1971 ein zweiter Sirius-Segler auf Basis einer Caproni A-21 Calif. Trag-, Leit- und Fahrwerk werden von der Calif übernommen. Der Sirius II ist mit zwei 30 PS Wankel Motoren ausgestattet. Die Mantelschraube ist nicht, wie beim Sirius I, direkt in den Rumpf intergiert, sondern in ein kreuzförmiges Rumpfübergangsstück zwischen vorderer Kabine und hinterem Rumpfstück eingepasst. Am 18. Januar 1972 startet Hanno Fischer in Mönchengladbach erstmals mit der neuen Sirius II D-KAFB zum Erstflug. Als besonderer Vorteil der Sirius II erweist sich, dass durch das T-Leitwerk kein Drehmoment mehr um die Hochachse erzeugt wird. Die Ruder bleiben frei von Propellerstrahlverlusten. Im Mai 1972 wird das Flugzeug in Hannover auf der ILA der Öffentlichkeit präsentiert. Besondere Beachtung findet das Flugzeug vom Fachpublikum für das jetähnliche Flugverhalten, das durch den Mantelschrauben-Druckantrieb erzeugt wird. Mit der Sirius II liegt 1972 das finale Design für die Integration eines Mantelschrauben-Antriebs in einem Flugzeugrumpf mit einem

T-Leitwerk vor. Damit endet die praktische Erprobung des Antriebssystems. Auf Grund der positiven Resonanz erwägt man für kurze Zeit, den Sirius-Motorsegler über Sportavia-Pützer im Markt anzubieten. Noch auf der Airshow in Farnborough 1972 wird der Sirius auf Kennblättern der Sportavia-Pützer vorgestellt. Da der Nachbau oder die Modifikation der Metallsegler bei dem auf Holzbauweise spezialisierten Sportavia-Pützer die Einführung einer neuen Technologie bedeutet hätte, wird dieser Plan aber schnell wieder aufgegeben. Sirius I und Sirius II bleiben reine Erprobungsträger für die Mantelschrauben-Antriebe und werden kurze Zeit später in Mönchengladbach eingelagert.

Stattdessen überführt Fischer das Mantelschraubentriebwerk des Sirius II in eine eigenständige Triebwerkseinheit, die sich vor allem durch einfache Montierbarkeit auszeichnet und zur nachträglichen Motorausrüstung reiner Segelflugzeuge geeignet ist. Sie wird als Schubgondel oder auch Fan-Pod bezeichnet.

Vergleich Sirius I und Sirius II (063, RFB)

Nach dem erfolgreichen Abschluss der Entwicklung des Mantelschraubenantriebs beschäftigt sich Hanno Fischer bereits mit seinem eigentlichen Entwicklungsziel eines reinen Motorflugzeugs mit Mantelschraubenantrieb. Schon bei der Vorstellung des Sirius II auf der ILA 1972 kündigt Rhein-Flugzeugbau den Entwurf dieses Motorflugzeugs unter der Bezeichnung AWI-II an.

Sirius	Sirius I	Sirius II	Blanik+SG85
Besatzung	1	2	
Länge	7,35 m	8,04 m	
Spannweite	17,54 m	20,38 m	
Flügelfläche	13,80 m²	16,10 m²	
Höhe	1,80 m	1,80 m	
Leermasse	350 kg	400 kg	
Max. Startmasse	460 kg	690 kg	
Höchstgeschwindigkeit	250 km/h	270 km/h	
Reichweite	250 Km	270 km	
Triebwerk	1 x Nelson 48 PS	2 x Wankel 30 PS	

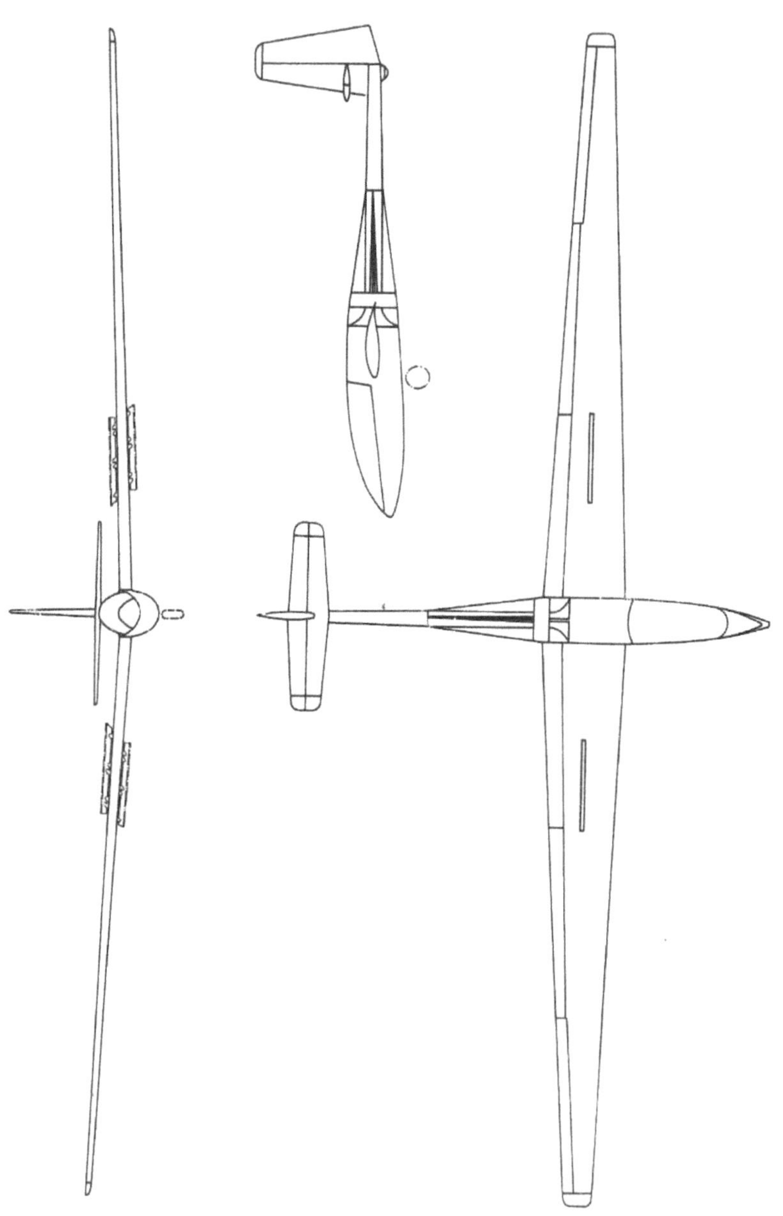

RFB Sirius I Motorsegler (064, RFB)

Bereits während der Erprobung der Sirius denkt Hanno Fischer 1969 über den Aufbau einer autarken Schubgondel nach dem Prinzip des Mantelschrauben-Designs nach. Schon am 9. Mai 1969 wird das Prinzip der Schubgondel im Patent DE1923862A1 für Hanno Fischer eingetragen. Die Schubgondel soll einfach montierbar und demontierbar sein und die nachträgliche Aufrüstung von Segelflugzeugen ermöglichen, für die ursprünglich kein Motor vorgesehen war.

RFB Schubgondel SG85 (065, RFB-Brochüre)

Auf Grund des öffentlichen Interesses an den Sirius-Versuchsträgern beginnt Hanno Fischer nach Abschluss der Sirius-Erprobung 1972 mit dem Bau einer solchen Schubgondel. Rotor und Mantel werden in GFK-Bauweise ausgeführt. Der Motor ist auf dem Montageträger hinter der Mantelschraube aufgesetzt. Je nach Anwendung können unterschiedliche Motore eingebaut werden. Die Schubgondeln werden nach ihrem Standschubs bezeichnet. Die SG85 wird z.B. mit zwei KM914/2 V-85 Wankelmotoren mit 85 kp Standschub ausgestattet.

Let L13 Blanik mit RFB Schubgondel SG85 (066, RFB)

Um die nachträgliche Ausrüstung von Segelflugzeugen mit Motoren zu demonstrieren, stattet Hanno Fischer 1974 einen konventionellen Segler vom Typ Let L13 Blanik mit einer Schubgondel SG85 als Aufsatzmodul aus. Zum Einsatz kommt dabei das Fichtel und Sachs Triebwerk KM48 mit 2 x 25 PS. Das Flugzeug mit Schubgondel wird mit der Zulassung D-KOEB auf der ILA im Mai 1976 präsentiert und fällt vor allem durch ihren geräuscharmen Betrieb auf.

Auf Messen wird die Schubgondel unter der Bezeichnung Fan-Pod angeboten. Im Vordergrund steht die ursprüngliche Anwendung als Motoraufrüstung für nicht motorisierte Segelflugzeuge. In Projektstudien wird die Schubgondel aber auch zur Motorisierung von Booten und Schnee-Mobilen untersucht, bei denen die Gondel auf das Heck des Boots oder Mobils gesetzt wird und als Druckantrieb fungiert. Andere Studien zeigen die Ausrüstung kleinerer Passagierflugzeugen oder Businessjets mit Schubgondeln. Zwei Schubgondeln werden dabei stehend auf die Tragflächen, ähnlich zur VFW-614, positioniert. Auch Befestigungen von Schubgondeln im hinteren Rumpfbereich werden angedacht. Die Schubgondel kann eine bestehende Motorisierung ersetzen oder als Erstausstattung montiert werden. In einer stärkeren Ausführung als SG220 verfügen

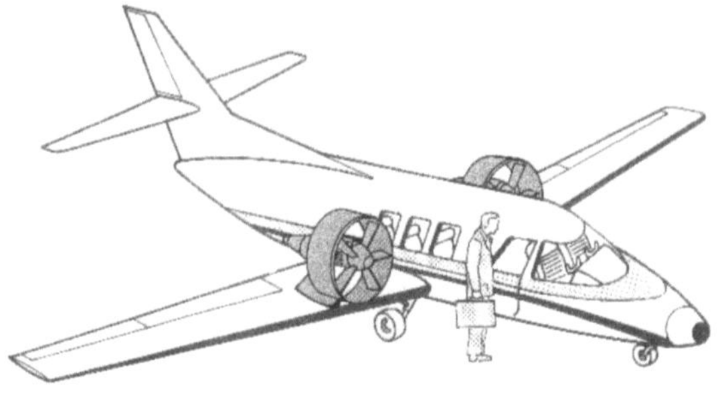

die Kreiskolbenmotore über 115 PS Antriebsleistung und liefern einen Standschub von 220 kp. Diese Version SG220 bleibt allerdings im Projektstadium. Auch SG58- und SG65-Varianten scheinen angedacht oder sogar aufgebaut worden zu sein.

Bei der Entwicklung des Entenflugzeugs SZG-10 Ende der sechziger Jahre beabsichtigt Herman Stützle den Einbau einer RFB Schubgondel. Als diese endlich einbauklar zur Verfügung steht, hat Stützle allerdings bereits eine andere Motorentscheidung getroffen. Die Musterzulassung 5003 für die Schubgondel SG-85 wird vom Luftfahrtbundesamt erst am 20. April 1978 erteilt. Einschränkend gilt dort, dass die Eignung der Schubgondel für ein bestimmtes Flugzeugmuster immer gesondert nachgewiesen werden muss. Weitere Interessenten für die SG-85 scheint es aber nicht mehr gegeben zu haben.

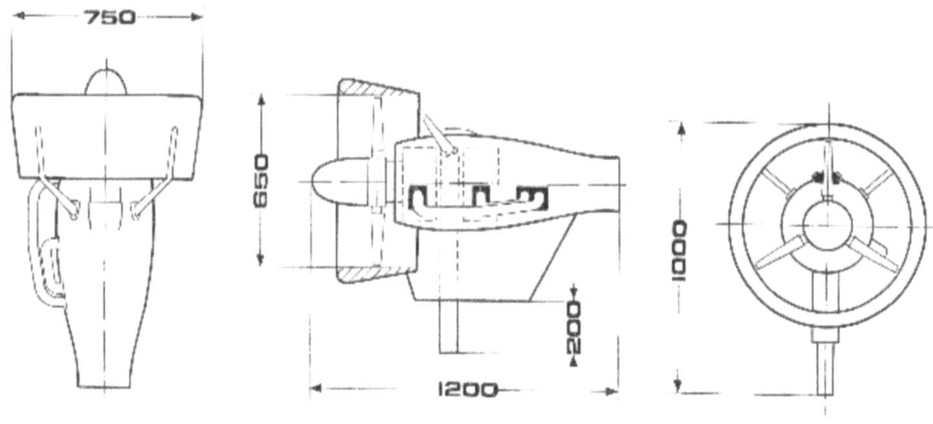

RFB SG Schubgondel (068, RFB)

Während die Entwicklungsarbeiten der sechziger Jahre im Bereich LFU-205 und Sirius ausschließlich der Technologie-Erprobung dienen, wendet sich Hanno Fischer ab 1972 wieder seinem eigentlich Ziel zu, nämlich der Entwicklung eines kleinen Reise- und Trainingsflugzeugs als Weiterentwicklung der RW-3 aus dem Jahre 1955. In dieses neue Flugzeug sollen sämtliche Technologien einfließen, die Fischer im Rahmen der vorangegangenen Erprobungen inzwischen bis zur Serienreife vorangetrieben hat. Schon auf der ILA 1972 wird der Entwurf dieses als AWI II Fanliner bezeichneten Flugzeugs der Öffentlichkeit vorgestellt. Finanziert wird das Projekt über einen zurückzuzahlenden Kredit des Bundeswirtschaftsministeriums in Bonn.

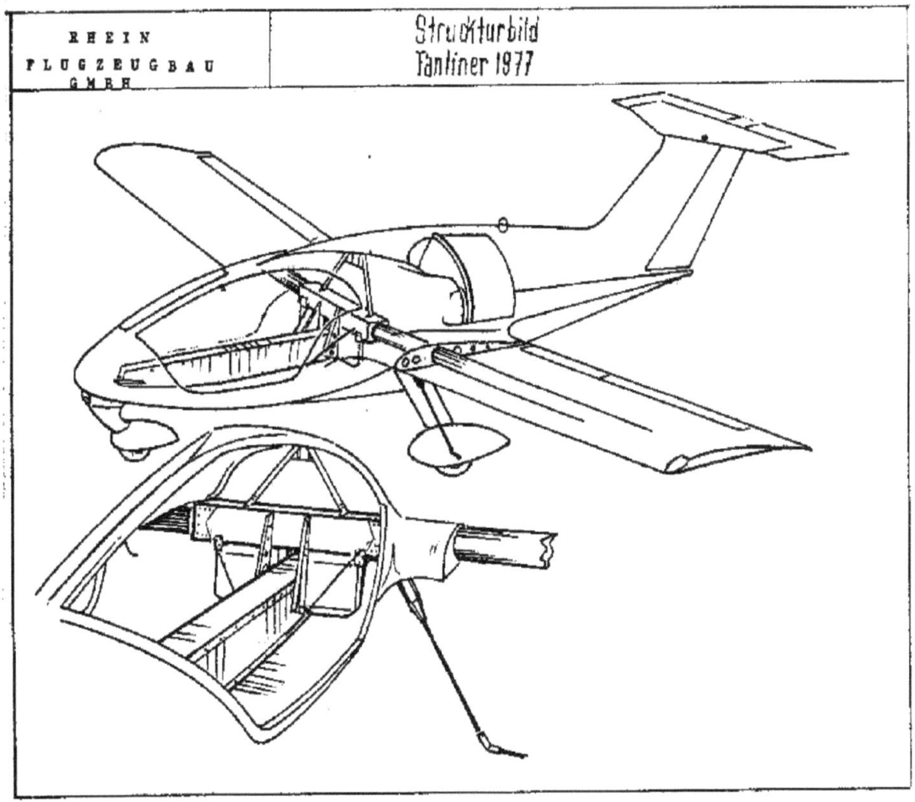

Um die Konstruktionskosten zu begrenzen, greift Hanno Fischer auf Trag- und Leitwerk bereits existierender Flugzeugmuster zurück. Über die RFB-Tochter Sportavia-Pützer, die in Europa Vertriebsorganisation für American Aircraft Corp. bei den Reiseflugzeugen AA-1 Yankee, Traveller und Tiger war, kam Hanno Fischer mit dem Geschäftsführer von American Aircraft Rush Meyer in Kontakt. Fischer überzeugt Meyer von seiner Idee, auf Basis der kostengünstigen Serien-Bauteile der American Aircraft Flugzeuge ein gehobenes Reiseflugzeug für den amerikanischen Markt zu entwickeln. American Aircraft sollte Trag- und Leitwerk, sowie die Komponenten der AA-1 Yankee zur Verfügung stellen, während Rhein-Flugzeugbau den Rumpf und den Antrieb zur Verfügung entwickelt.

Der erste Prototyp wird 1972 in Angriff genommen. Als Tragwerk kommt der Flügel einer Grumman AA-1A Yankee zum Einsatz. Die vordere Zelle und Kabine erhält Hanno Fischer von Helmut Wilden aus Hennef. Wilden arbeitet zur gleichen Zeit an seiner VoWi-8 Konstruktion und lässt von der GFK-Kabine zwei Exemplare fertigen. Hanno Fischer übernimmt den Mantelpropeller von der Sirius II und konstruiert die anschließende hintere Rumpfpartie in Form einer senkrechten und einer waagerechten Fläche, die gekreuzt werden. Das Leitwerk basiert ebenfalls auf Teilen der Grumman AA-1, das allerdings zu einem T-Leitwerkumgebaut wird. Als Motor erhält der Prototyp einen NSU Ro-135 Wankelmotor mit 115 PS Leistung. Dieser Motor ist eine direkte Ableitung für maritime Anwendungen aus dem KFZ-Wankelmotor des NSU Ro 80. Zur Aufnahme des Motors hinter der Kabine wird der VoWi-8 Rumpf nach hinten verlängert. Der Motor treibt zunächst eine dreiblättrige Luftschraube.

Noch während des Prototypenbaus in Mönchengladbach wird der amerikanische Partner American Aircraft Corp. im Januar 1973 von der Grumman Corp. übernommen. Rush Meyer verlässt das Unternehmen und wird CEO von Cessna. Grumman beabsichtigt mit American Aircraft den Einstieg in das höherwertige Reiseflugzeug-Segment. In dieses Konzept bettet sich der Fanliner zunächst hervorragend ein. Die Grumman American Aircraft Corporation und Rhein-Flugzeugbau vereinbaren den Aufbau von zwei Produktionslinien. In den USA soll Grumman American Aircraft mit Rümpfen aus Deutschland und amerikanisch gefertigten Bauteilen aus der AA-5 Traveller Serie Flugzeuge für den amerikanischen Markt produzieren, während Rhein-Flugzeugbau in Deutschland die eigenen Rümpfe mit zugelieferten Teilen aus der amerikanischen AA-5 Serie für den europäischen Markt komplettiert. Von großer Bedeutung für Rhein-Flugzeugbau war auch der künftige Zugriff auf das weltweite Vertriebsnetz von Grumman mit über 700 Vertretungen, denen der kleine, zentral-organisierte RFB-Vertrieb in Mönchengladbach und auf der Dahlemer Binz gegenüberstand.

Am 8. Oktober 1973 startet Hanno Fischer mit dem Fanliner-Prototyp D-EJFL zum Erstflug in Mönchengladbach. Die offizielle Flugerprobung beginnt im Dezember 1973. Dabei erweist sich das Flugzeug als unerwartet laut. Versuchsflüge zeigen, dass der Lärm des ummantelten Triebwerks wesentlich stärker nach vorne und hinten abstrahlt als dies bei einem nicht ummantelten Triebwerk der Fall ist. Ebenso lag der Treibstoffverbrauch deutlich über den Erwartungen. Dafür zeigt die Maschine ein gutes Leistungsverhalten.

RFB Fanliner auf dem Aero Salon Paris 1975 (070, © RuthAS, CC-BY-3.0)

Im Mai 1974 wird der RFB Fanliner auf der Internationalen Luftfahrt Ausstellung ILA in Hannover erstmals der Öffentlichkeit vorgestellt. Er findet wegen seines Flugverhaltens viel Beachtung seitens des Fachpublikums, wird allerdings wegen seiner Lärmentwicklung kritisiert. Im Sommer 1974 wird der Propellerhersteller Dowty Rotol zur Lösung der Lärmprobleme hinzugezogen. Auf dem Dowty Prüfstand wird mit drei-, fünf- und siebenblättrigen GFK-Propellern experimentiert. Auch die Tip-Clearance wird experimentell untersucht. Im Frühjahr 1975 erhält der Fanliner ein KHD-Getriebe mit dem die Rotorgeschwindigkeit von ursprünglich 6.000 auf 3.500 Umdrehungen pro Minuten übersetzt wird. Zusammen mit dem neuen fünfblättrigen Dowty Fan erreicht Hanno Fischer endlich die geforderten 70 dBA Geräuschpegel. Zur Kraftstoffeinsparung wurden weitere Teile des Rumpfs durch GFK-Komponenten ersetzt. Die Erkenntnisse zur Lärmentwicklung ummantelter Triebwerke lässt sich Hanno Fischer am 11.08.1976 mit dem Patent DE2636056A1 sichern.

In dieser Konfiguration wird das Flugzeug im Juni 1975 auf dem Aerosalon in Le Bourget als Gemeinschaftsproduktion von RFB und Grumman American vorgestellt. Für 1976 wird der Bau eines weiteren Prototypen angekündigt, mit dem die amerikanische Zulassung erworben werden soll. Sogar eine Produktionsaufnahme vor Ende 1977 und ein Stückpreis von ca. 60.000 DM pro Einheit wird in Paris bekannt gegeben. Grumman rechnet mit einem Erstbedarf in den USA von 200 Einheiten. Insgesamt will RFB 1000 Einheiten weltweit absetzen.

RFB Fanliner II D-EBFL in Mönchengladbach (071, RFB)

Der angekündigte zweite Prototyp entsteht 1975. Er wird speziell für den amerikanischen Markt entwickelt, da der amerikanische Partner Grumman beim ersten Prototyp vor allem die kompakte Kabine bemängelte. Daher soll beim zweiten Prototyp die VoWi-Kabine durch einen neuen Entwurf ersetzt werden. Für das Design des Kabinensegments gewinnt Hanno Fischer den Industriedesigner Luigi Colani. Das ausgerechnet der Designer Colani den Rumpf eines Flugzeugs gestaltet, kommt nicht von ungefähr. Der exzentrische Luigi Colani hat an der Sorbonne Aerodynamik studiert und begann seine Industriedesigner-Karriere 1953 bei der Special Project Division der Douglas Aircraft Company als Leiter der Materialforschung. Aus seiner Zeit im französischen Automobilbau stammt seine Erfahrung im Bereich Kunststoff-Karosseriebau. Darüberhinaus war Colani selbst leidenschaftlicher Pilot. Colani entwirft eine für ihn typische Cockpitsektion, die dem Fanliner II seine für damalige Verhältnisse futuristische Silouette verleiht. Abweichend vom Fanliner I erhält der Fanliner II den größeren Flügel der Grumman AA-5 Traveller. Als Antrieb kommt ein flüssigkeitsgekühlter NSU-Audi KM871 Zweischeiben-Wankelmotor mit 160 PS Leistung zum Einsatz, der einen dreiblättrigen Fan betreibt.

Am 4. September 1976 startet Hanno Fischer mit dem Fanliner II, D-EBFL zum Erstflug. Nach Abschluss der Flugerprobung ist der zweite Prototyp zur Zertifizierung durch das Luftfahrtbundesamt LBA vorgesehen. Im September 1977 rechnet Hanno Fischer mit 400 bis 500 Flugstunden, um die erforderlichen Nachweise für die Zulassung zu erbringen. Eine Musterzulassung soll Anfang 1978 erfolgen. Danach ist der Zulassungsprozess durch die FAA für den amerikanischen Markt vorgesehen. Neben Hanno Fischer fliegt vor allem der zweite RFB-Testpilot Karl-Heinz Goebbels das Nachweisprogramm.

Einen erheblichen Rückschlag erlebt das Fanliner-Projekt Anfang 1977 als Grumman American sich aus der Sparte General Aviation komplett zurückzieht. Die Tochterunternehmen American Aircraft und Gulfstream verkauft Grumman an American Jet Industries. Die Komplexität des Flugzeugs hat den erforderlichen Verkaufspreis inzwischen auf 80.000 DM ansteigen lassen, ein Preis, der auf dem amerikanischen Markt kaum durchzusetzen ist. Seitens American Jet Industries besteht daher nur noch wenig Interesse, Investitionen in den Aufbau einer amerikanischen Fanliner-Produktionslinie zu tätigen. Grumman und RFB vereinbaren aber, den Markt für fangetriebene Reiseflugzeuge in den USA weiterhin gemeinsam zu beobachten und gegebenenfalls bei Rhein-Flugzeugbau gefertigte Flugzeuge über das Grumman Netzwerk zu vermarkten. Durch den Verkauf von Grumman American Aircraft an American Jet Industries im September 1978 zieht sich Grumman aber endgültig aus der Zusammenarbeit beim Fanliner zurück. American Jet Industries fährt schon kurze Zeit später das kleine Reiseflugzeug-Segment zurück und konzentriert sich auf die Business-Sparte, die kurze Zeit später in der Gulfstream American Corporation aufgeht. An einer Vermarktung kleiner Reiseflugzeuge hat American Jet Industries kein Interesse. Kurz vor dem Abschluss der Entwicklung verliert Rhein-Flugzeugbau damit seinen wichtigsten Partner für die bevorstehende Vermarktung des Fanliners.

Einen weiteren Rückschlag erleidet das Fanliner-Projekt durch die Entscheidung zur Aufgabe der Ro80 Produktion und des Wankelmotors bei Audi-NSU im Jahr 1977. Damit steht der NSU KM871 auf absehbare Zeit nicht mehr als Motor für den Fanliner zur Verfügung. Fischer untersucht daraufhin Wankelmotore anderer Hersteller und erwägt den Wechsel auf einen Wankelmotor von Citroen mit 190 PS Leistung. Auf die geplante Umrüstung wird dann aber bis zur Verfügbarkeit eines neuen Vertriebspartners für den Fanliner verzichtet.

Vergleichsflug Traveller zu Fanliner
Gleiches Trag- Leit- Fahrwerk, Motorleistung

		AA 5 D-EAXA	FANLINER D - EBFL	Δ %
Rumpfbreite	m	1,04	1,27	+ 22
Rumpfhöhe	m	1,32	1,05	- 20
Rumpfquerschnitt	m²	1,20	1,0	- 17
Gepäck	kp	54	40	- 26
Gepäckraum				
Breite	m	0,8	1,1	+ 38
Länge	m	0,8	0,6	- 25
Höhe	m	0,8	0,75	- 6
Volumen	m³	~ 0,51	~ 0,5	- 2
Propellerdurchmesser	m	1,85	1,1	- 41
Propellerfläche	m²	2,69	0,95	- 65
Triebwerk	HP	150	152	+ 1
Abfluggewicht	kp	998	959	- 5
Standschub	kp	220	300	+ 36
bei Drehzahl	RPM	2200	5900	-
Startrollstrecke	m	270	220	- 19
Steiggeschwindigkeit	m/sec	3,35	5,50	+ 64
Maximalgeschwindigkeit	mph	147	156	+ 6
Reisegeschwindigkeit	mph	140	156	+ 11

TE-SST 2.2.77	VERGLEICH TRAVELLER u. FANLINER Abmessungen und Flugleistungen	RHEIN- FLUGZEUGBAU GMBH

Im Juni 1977 wird der Fanliner II nochmals auf dem Aerosalon in Le Bourget durch RFB vorgestellt. Ohne fehlenden Partner und mit eingeschränkter Konkurrenzsituation gegenüber den preiswerteren amerikanischen Anbietern sind die Vermarktungschancen des Fanliners für RFB aber nur noch begrenzt. Als das Bundesverteidigungsministerium 1977 schließlich den Auftrag zur Fertigung von zwei militärischen Trainerversionen des Fantrainers erteilt, wird die Priorität aus der Musterzulassung des Fanliners herausgenommen. Sämtliche Kapazitäten bei RFB konzentrieren sich im weiteren auf die Fantrainer-Version. Die beiden Fanliner-Prototypen bleiben bei RFB Einzelstücke und werden nach Abschluss der Erprobung in Mönchengladbach zunächst eingelagert.

Den ersten Prototyp Fanliner I erwirbt 1984 der Kanadier Bill Rice. Mit ihm will Rice in den achtziger Jahren in Nordamerika auf Verkaufstour gehen und eine Produktionslinie in Kanada für den Fanliner unter der Bezeichnung Fanstar auflegen. Den Fanliner II kauft Luigi Colani 1998 aus der Konkursmasse von Rhein-Flugzeugbau. Gelegentlich fliegt er den Fanliner II in Mönchengladbach und stellt ihn dann Pratt & Whitney in Hartford für Untersuchungen der Luftschraube zur Verfügung. Zur Reduzierung des beim Fanliner beanstandeten Lärms des Fanantriebes hatte Fischer eine besondere Blattform entwickelt, die unter Bezeichnung „Türkensäbel" patentiert wurde. Die damit im Fanliner erreichte Lärmreduzierung führte zur weltweiten Anwendung bei fast allen modernen Turbofan / Bypass Triebwerken. Pratt & Whitney wollte anhand des Fanliners beweisen, dass ein Rolls-Royce Patent zur Blattauslegung durch das frühere Patent von Hanno Fischer zu Unrecht erteilt worden war. Der Fanliner II befindet sich für mehr als ein Jahr in den USA. Colani stellt das Flugzeug vermutlich auch Bill Rice in dieser Zeit für Marketingtouren in den USA zur Verfügung. Nach seiner Rückkehr aus den USA wird der Fanliner II Teil der Colani-Ausstellung „Futurama" in Karlsruhe, wo es 2004 wieder öffentlich zu sehen ist. Am Stuttgarter Flughafen ist der Fanliner II im März 2007 Teil der Ausstellung „Meisterwerke der Aerodynamik", an der Colani selbst eine Woche lang teilnimmt, um Besuchern seine Entwürfe zu erläutern. Auch am Kölner Flughafen konnte man den Fanliner II kurze Zeit sehen. 2005 äußert Colani die Absicht, eine Fanliner-Produktion in China aufzubauen. Es blieb aber bei der Absicht. Eine Serienproduktion des Fanliners ist auch vierzig Jahre nach seinem Erstflug nicht in Sicht.

RFB / Grumman	RFB Fanliner I	RFB Fanliner II	Grumman AA-5
Besatzung	2	2	1+3
Länge	6,10 m	6,59 m	6,71 m
Spannweite	7,45 m	9,61 m	9,60
Flügelfläche	9,30 m²	13,00 m²	13,00 m²
Höhe	2,03 m	2,27 m	2,40 m
Leermasse	520 kg	545 kg	595 kg
Max. Startmasse	750 kg	850 kg	1088 kg
Höchstgeschwindigkeit	180 km/h	250 km/h	265 km/h
Reichweite	660 km	1000 km	820 km
Triebwerk	NSU Ro-135 84 kW	NSU-Audi KM-871 110 kW	Lycoming O320-E2G 110 kW

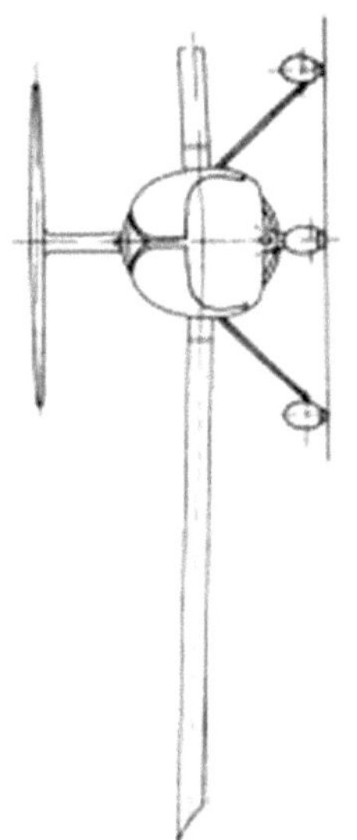

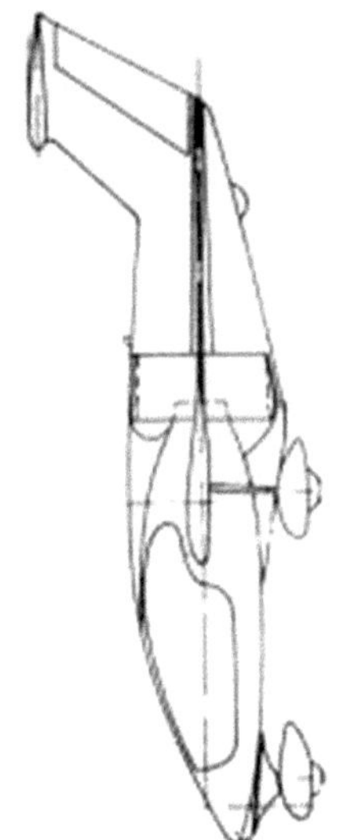

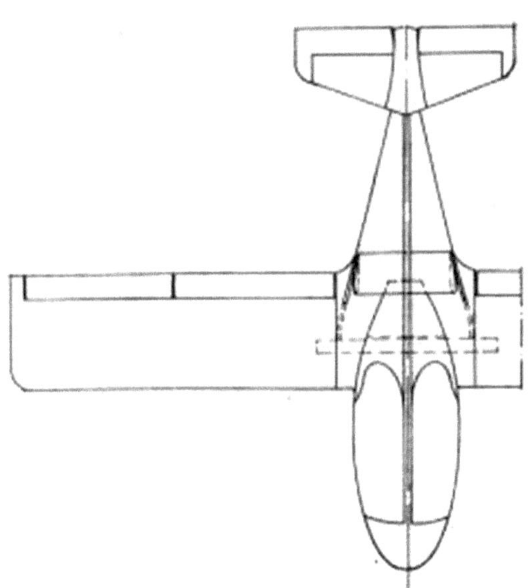

Rhein-Flugzeugbau m.b.H.

Hauptabmessungen
Principle Dimensions

FANLINER | 15FL1-01200.00

Mitte der achtziger Jahre wird der Kanadier Bill Rice auf den Fanliner aufmerksam. Er erwirbt den ersten Prototyp Fanliner I von RFB im Jahr 1984 und bringt ihn nach Reading in Pennsylvania. Mit seinem Partner Charles Haupt gründet er 1986 die Fanstar Partners Inc. Ziel des Unternehmens ist der Aufbau einer Produktionslinie für den Fanliner in Nordamerika, sowie dessen Vermarktung unter der Bezeichnung Fanstar.

Es scheint zu dieser Zeit Gespräche mit MBB, dem neuen Eigentümer von RFB, über eine Beteiligung an Fanstar Partners gegeben zu haben. Ebenso spricht Rice mit der Provinzregierung von Manitoba über Förderungsmöglichkeiten beim Aufbau einer Produktion in Kanada. Außerdem rüstet Rice den Fanliner I auf die gestreckten Tragflächen des Fanliner II um und verbessert die Rumpfunterseite aerodynamisch mit NACA-Hauben. Der Audi-NSU Wankelmotor bleibt weiterhin installiert, allerdings plant Rice für die Serienmaschine die Verwendung eines John Deere Motors. Auf einer Verkaufstour 1987 soll der Fanstar amerikanischen Flugschulen vorgestellt werden, die man von den jetähnlichen

RFB Fanstar Projektstudie (074, RFB-Information)

Flugeigenschaften des Fanstar überzeugen will. Rice plant den Absatz von 300 Maschinen in Nordamerika zu einem Stückpreis von 50.000 US$.

Nachdem MBB 1987 wenig Interesse an einer Beteiligung am Fanstar zeigt, verlässt Charles Haupt das Unternehmen im September 1987. Bill Rice intensiviert daraufhin die Gespräche mit Rhein-Flugzeugbau und speziell mit Hanno Fischer über eine Weiterentwicklung des Fanstar/Fanliner. Zunächst erwägt man den Fanliner weitergehend zu modernisieren. Vorrangig steht Mitte der achtziger Jahre die Frage des alternativen Antriebs zu den Wankelmotoren im Raum, nachdem Audi NSU deren Produktion eingestellt hat. Rice möchte inzwischen einen 200 PS Mazda Flugmotor zum Einsatz bringen. Auch die Umrüstung auf den Whisper-Fan, den Hanno Fischer zwischenzeitlich in Deutschland für seine Mantelschrauben entwickelt hat, steht zur Diskussion. Außerdem soll der Kabinenteil des Fanliner II in der Serienmaschine zum Einsatz kommen.

Da der Fanliner II alle wesentlichen Merkmale der künftigen Serienmaschine enthält, stellt RFB Rice ebenfalls den zweiten Prototypen für eine Amerika-Verkaufstour zur Verfügung. Nachdem verschiedene Flugschulen den Bedarf für mehr als zwei Sitze aufgestellt hatten, diskutieren Rice und Fischer den Entwurf eines vergrößerten viersitzigen Fanstar. Fischer hält den Umbau des Fanliners in eine viersitzige Variante für unproblematisch, da die Kabine nur eine Faserkunststoff-Verkleidung um den tragenden Längskiel herum ist. Der Längskiel war für eine Kunstflugbelastung bis zu 6g ausgelegt. Durch eine Begrenzung auf 4,4g im Normalbetrieb ist das Gewicht für vier Personen ohne strukturelle Änderungen aufnehmbar. Fischer greift beim Entwurf nicht auf die ursprüngliche Fanliner Konstruktion zurück, sondern auf die des Fantrainers. Schon 1976 gab es im Rahmen der Fantrainer-Entwicklung die Weiter-Entwicklung eines viersitzigen Executive-Flugzeug unter der Bezeichnung AWI-4. Auf diesen Entwurf setzt Fischer auf. Der viersitzige Fanstar 200 erhält den Kunststoffflügel der LFU-205, der auch beim Fantrainer verwendet wurde. Der rückwärtige Rumpf und die Mantelschraube werden vom Fantrainer übernommen. Die Überarbeitung beschränkt sich auf die Gestaltung der vorderen Kunststoffkabine. Als Antrieb wählt Fischer eine Allison 250 Turbine, die beim ATI-2 zum Einsatz kam.

Offensichtlich gelingt es Rice nicht, die notwendigen Mittel zum Aufbau einer Lizenz-Fertigung des Fanliners und Fanstars in Kanada zu bekommen. Das Projekt wird eingestellt. Die beiden Fanliner werden daraufhin wieder zurück nach Mönchengladbach verfrachtet.

RFB / Fanstar Partners	Fanstar	Fanstar 200
Besatzung	2	4
Länge	6,10 m	6,59 m
Spannweite	9,61 m	9,61 m
Flügelfläche	13,00 m²	13,00 m²
Höhe	2,03 m	2,27 m
Leermasse	kg	1140 kg
Max. Startmasse	kg	1760 kg
Höchstgeschwindigkeit	km/h	370 km/h
Gipfelhöhe	m	6100 m
Reichweite	Km	1000 km
Triebwerk	1 x 200PS Mazda	1 x 420PS Allison 250 C20B

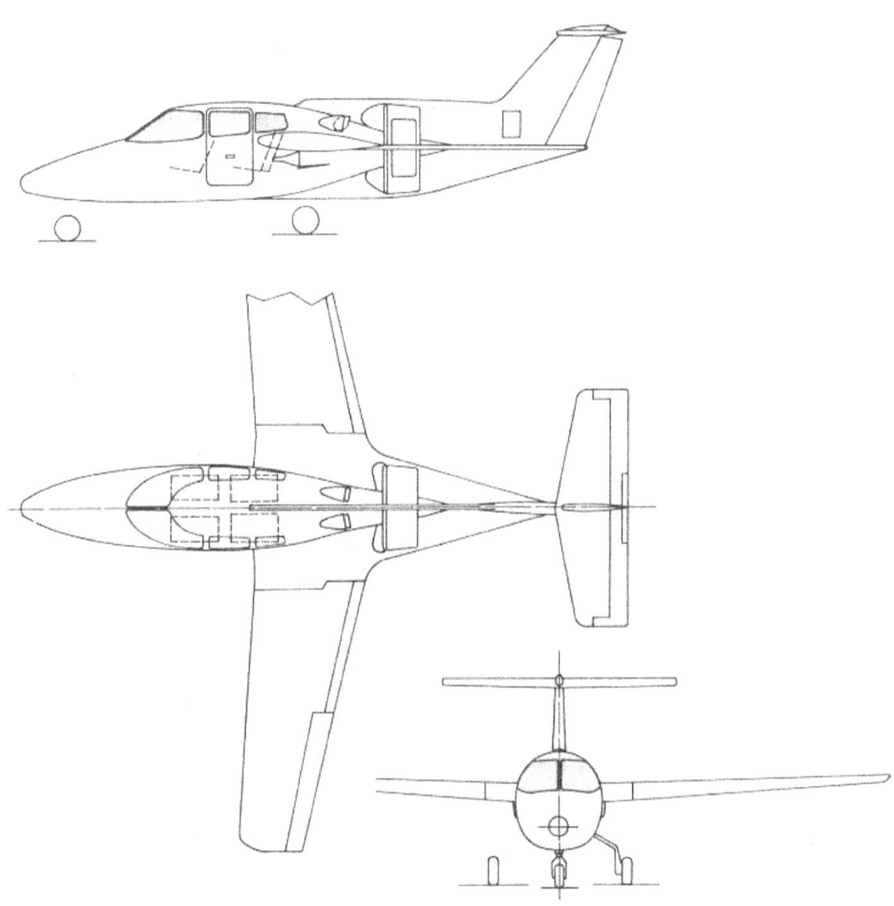

Bei der Auslegung des Fanliners hatte Hanno Fischer von vorne herein die Nutzung als Trainingsflugzeug für Strahlpiloten vorgesehen. Im militärischen Bereich hatten Strahlflugzeuge Ende der sechziger Jahre Propellerflugzeuge mit Kolbenantrieb fast überall verdrängt. Neun von zehn beginnenden Flugschülern wurden zu dieser Zeit bereits als Jetpiloten bei der Luftwaffe ausgebildet. Fast überall auf der Welt aber beginnt die Schulung auf Propellerflugzeugen, die sich oft in entscheidenden Punkten vom Folgemuster, dem Jet, unterscheiden. Mit einfachen Jetflugzeugen, wie der Jet-Provost, der Fouga Magister oder der T37 wurde seit Beginn des Jetzeitalters versucht, eine Anfangsschulung auf einem Strahlflugzeug zu ermöglichen. Diese Trainingsjets waren aber schon auf Grund des Heißstrahl-Antriebs erheblich kostspieliger in der Herstellung als einfache Kolben-Flugzeuge. Zur Vermeidung hoher Kraftstoffverbräuche muss man mit Jets gleichzeitig in größere Höhen ausweichen, was wiederum höhere Anforderungen an die Ausrüstung stellt, wie Druckkabine, Schleudersitz und komplette IFR-Ausrüstung. Einfache Trainingsjets sind daher nach Fischers Auffassung 5-10 mal teurer pro Flugstunde als herkömmliche Prop-Trainer. Bei vielen Luftwaffen ist es daher üblich, die Anfängerschulung auf einem Propellerflugzeug durchzuführen und die eigentliche Schulung später auf einem Jettrainer fortzuführen. Dies führt dann aber zu einer hohen Abbruchquote von 15-20% im Fortgeschrittenprogramm, da viele Flugschüler die härterem Fluganforderungen des Jetfliegens nicht mehr erfüllen.

Fischers Fantrainer-Vision ist deshalb die eines Propellerflugzeugs mit Jet- Verhalten. Beim Start soll der Fantrainer einen jetähnlichen Beschleunigungsverlauf aufweisen. Um die Hochachse soll das Flugzeug keine Ausbrechtendenz besitzen. Der Propellerstrahl soll die Ruder nicht beaufschlagen. In der Luft soll ein symmetrischer Flug ohne Drall- und Lastigkeitsänderungen bei wechselnder Triebwerksleistung gewährleistet sein. Im Bahnneigungswinkel soll ein schneller Geschwindigkeitszuwachs erzielt werden, der Geschwindigkeitsüberschuss soll möglichst lange beibehalten werden, aber über momentenfrei Luftbremsen steuerbar sein. Jetähnliche Trägheitsmomente sollen durch Massenkonzentration im Schwerpunkt erreicht werden. Wichtig ist für Hanno Fischer auch die Gleichheit des Arbeitsplatzes bzw. Cockpits. Dazu gehören nicht nur gleiche Instrumenten- und Bedienhebel-Anordnungen wie beim Folgeflugzeug, sondern auch die Position des Sitzes vor dem Schwerpunkt, um die kinästhetischen Verhältnisse gleich zu halten und den Flugschüler daraufhin bewerten zu können, ob er zwischen Translation und Rotation beim Start unterscheiden und den

Abstand Boden-Fahrwerk bei Start und Landung abschätzen kann. Auch die Sichtverhältnisse sollten bei Steig-, Horizontal- und Sinkflug gleich sein.

Mit diesem Anforderungsprofil beginnt Hanno Fischer die Auslegung des künftigen Fantrainers. Kernelement der Auslegung ist die integrierte Mantelschraube als Vortriebssystem, die ein Kaltstrahltriebwerk mit drallfreiem Schub im Schwerpunkt darstellt. Die Antriebsanlage wird im Schwerpunkt angeordnet. Dadurch ist nicht nur die Cockpitsicht vollständig unbehindert und der Pilot weit vorne positionierbar. Vielmehr kann auch das Motormuster gewechselt werden, ohne dabei Einbauprobleme oder neue Schwerpunkt-Berechnungen vornehmen zu müssen. Einige frühe Projektskizzen zeigen den Fantrainer mit tiefliegendem Höhenleitwerk, nach Abschluss der Sirius II Erprobung fällt aber die endgültige Entscheidung zugunsten des T-Leitwerks.

RFB Fantrainer Entwurf (076, RFB)

Erstmals wird der Fantrainer auf der Internationalen Luftfahrtausstellung ILA 1970 in Hannover als Weiterentwicklung des geplanten Fanliners vorgestellt. Beide Entwürfe finden viel Beachtung, zumal die beiden Sirius-Motorsegler die Möglichkeiten der integrierten Mantelschraube bereits praktisch demonstrieren. Den erhofften Entwicklungsauftrag der Bundes-Luftwaffe bleiben aber zunächst aus. Hanno Fischer konzentriert sich daher zunächst auf die Entwicklung des zivilen Fanliners, der die gleichen technologischen Merkmale wie der künftige Fantrainer besaß und damit Erprobungsträger der Technologie war, die später im Fantrainer zum Einsatz kommen sollte.

Der militärische Fantrainer und der zivile Fanliner unterschieden sich in dieser frühen Phase des Designs rumpfseitig im Wesentlichen durch das Cockpit-Segment. Dies war aber ohnehin bei beiden Flugzeugen als Monocoque ausgelegt und wurde auf den zentralen Trägerholm montiert. Die Austauschbarkeit dieses Cockpit-Segments gehörte beim Fantrainer zum Auslegungskriterium, um das Cockpit an das jeweiligen Folgemuster anzupassen. Für individuelle Kunden muss damit künftig nur noch das Monocoque neu konstruiert werden.

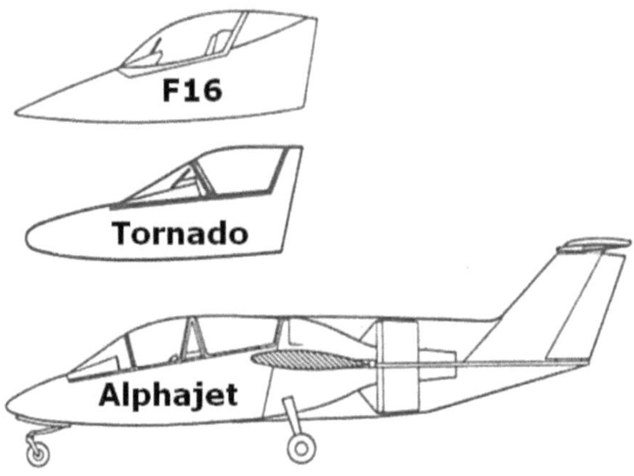

Fantrainer Cockpit-Alternativen (077, RFB)

Nach dem Erstflug des zivilen Fanliners 1973 findet das Mantelschrauben-Modell von Hanno Fischer auch das Interesse der Bundesluftwaffe. Als der Inspekteur der Luftwaffe Gerhard Limberg Mitte der siebziger Jahre mögliche Nachfolgemuster der zwanzig Jahre alten Piaggio P.149 untersucht, bestellt das Verteidigungsministerium im März 1975 bei Rhein-Flugzeugbau den Bau zweier Prototypen des militärischen Fantrainers im Wert von 7.5 Millionen DM. Die beiden Prototypen sollen einem Vergleichsfliegen mit konventionellen Propellerturbinen-Flugzeugen anderer Mitbewerber unterzogen werden.

Daraufhin entsteht in den Jahren 1975 und 1976 der Detailentwurf des militärischen Fantrainers, der von Hanno Fischer und seinem Namensvetter Christoph Fischer entwickelt wird. Das Heck mit der integrierten Mantelschraube und Wankelmotor steht bereits aus der Fanliner-Entwicklung zur Verfügung. Die Tragflächen des Fanliners sind für einen Jettrainer nicht geeignet. Fischer greift deshalb auf die nach vorne gepfeilten Kunststoffflächen der LFU-205 zurück. Für die Serie plant Fischer den Einsatz leicht wechselbarer Flächen. Zur Anfangsschulung erhält der Fantrainer längere, zur Fortgeschritten-Schulung kürzere, kunstflugtaugliche Tragflächen. Für den Fantrainer entwickelt die Firma Gomolzig ein einziehbares Fahrwerk. Gomolzig hatte bereits zwanzig Jahre zuvor das Fahrwerk des RW-3 konzipiert. Gomolzig entwickelt auch die Pilotensitze des Fantrainers. Das Monocoque Cockpit wird in Tandemsitzweise analog zum Alphajet gestaltet, das als Aufstiegsmuster bei der Luftwaffe verwendet wird. Vom Rumpf und von der Antriebseinheit entsteht in Mönchengladbach ein 1:1 Modell. Dies wird in Emmen in der Schweiz für Schubmessungen genutzt.

Fantrainer AWI-2 Mockup (078, RFB Information)

Als Antrieb entscheidet sich Fischer für den 150 PS starken Audi-NSU Wankelmotor EA871, von dem zwei Motore hinter der Kabine verbaut werden. Als Schraube erhält der Fantrainer zunächst die lärmintensive 5-Blatt-Schraube. Später wird diese mit lärmmindernden Modifikationen aus dem Fanliner-Projekt versehen.

Auch mit verschiedenen Leitwerks-Anordnungen wird in Windkanal-Messungen variiert. Letztlich wird die klassische T-Leitwerk-Anordnung in Verbindung mit dem Manteltriebwerk bestätigt. Bereits die Schubmessungen in der Schweiz zeigen, dass die Leistung der existierenden Wankelmotore für militärische Zwecke zu gering ist. Außerdem erwägt Audi-NSU den Ausstieg aus der Wankelmotor-Technologie. Deshalb wird während der Entwicklung des Prototypen ein alternativer Turbinenantrieb untersucht. Im Frühjahr 1976 schlägt Hanno Fischer den 590 PS starken Lycoming LTS 101 Turboshaft Motor für einen weiterentwickelten Fantrainer vor. Die Luftwaffe lässt daraufhin je einen Prototypen mit Wankelmotor und Turbine ausstatten.

Hanno Fischer entwickelt den Fantrainer als Systemflugzeug mit einer Vielzahl von möglichen Varianten. Wahlweise kann das Flugzeug als zweisitziger Trainer oder viersitzige Reiseversion mit Wankelmotor oder Turbine mit kurzen, kunstflugtauglichen oder langen Anfänger-Tragflächen ausgerüstet werden. Für die verschiedenen Varianten des Fantrainers werden sprechende Typenbezeichnungen eingeführt. Der Wankelmotorgetriebene Fantrainer erhält die Typenbezeichnung AWI-2, der turbinengetriebene Fantrainer wird als ATI-2 nach folgender Codierung bezeichnet:

- A = Anfangstrainer
- W = Wankelmotor
  T = Turbine
- I = integrierte Mantelschraube

- 2 = Zweisitzer
  4 = Viersitzer
- KI = kurze Tragfläche Kunstflug

Die ATI-2-KI ist z.B. mit einer verkürzten Tragfläche von 7,88 Metern ausgestattet. Sie wird ausschließlich turbinengetrieben angeboten. Auch eine viersitzige Variante mit vergrößerter Tragfläche wird als AWI-4 bzw. ATI-4 für militärische Verbindungsflüge vorgesehen. Als fliegenden Simulator gibt es außerdem die ATI-K1. Die vielfältigen Anpassungs-Möglichkeiten des Fantrainers ermöglichen es Hanno Fischer in den späteren Jahren seinen Entwurf zügig auf die unterschiedlichsten Anforderungen anzupassen.

Als der Bau des ersten Prototypen Anfang 1977 beginnt, befindet sich die Fantrainer-Entwicklung hinter der Zeitplanung. Zwar konnten eine Vielzahl von Eigenschaften bereits an den beiden Fanlinern getestet werden. Die Arbeiten an den Fanlinern verzögerten aber gleichzeitig die eigentliche Entwicklung des Fantrainers. Kurz nach dem Erstflug des Fantrainer II trifft Rhein-Flugzeugbau deshalb die Entscheidung, die zivile Fanliner-Entwicklung zugunsten des Fantrainers auszusetzen. Immerhin hatte die Luftwaffe inzwischen angekündigt, bis zu 30 Flugzeuge als Ersatz für alten Piaggios nach Abschluss der Flugerprobung zu bestellen. Anfang Oktober steht der erste Fantrainer-Prototyp mit Wankelmotor zur Verfügung. Am 27. Oktober 1977 startet Hanno Fischer mit dem AWI-2, D-EATJ zum Erstflug. Im Mai 1978 wird der AWI-2 auf der Internationalen Luftfahrt-Ausstellung in Hannover erstmals einer breiteren Öffentlichkeit präsentiert. Er trägt bereits für die Luftwaffen-Erprobung die militärische Zulassung 98+30. Der leistungsstärkere, turbinengetriebene, zweite Prototyp ATI-2 wird im Mai 1978 fertiggestellt. Anstelle der ursprünglich vorgesehen Lycoming Turbine verfügt der ATI-2 inzwischen über eine 400 PS starke Allison 250-C20B Turbine, die die beiden Wankelmotore ersetzt. Die Allison 250-C20 Turbine hat für die Luftwaffe den Vorteil einer gemeinsamen Ersatzteilbevorratung mit den Turbinen der Bölkow Bo 105, die diese Turbine ebenfalls verwendet. Der Erstflug der ATI-2 D-EATI erfolgt am 31. Mai 1978.

Bau des ATI-2 Prototpyen in Mönchengladbach (079, RFB)

Hanno Fischer und Christoph Fischer im AWI-2 Fantrainer Prototyp (080, RFB)

Im Juni werden der AWI-2 und ATI-2 an die Erprobungsstelle 61 der Luftwaffe in Manching ausgeliefert. Sie führt das Erprobungsprogramm für den Piaggio-Nachfolger durch. Außer den beiden Fantrainern nimmt aus der Schweiz die Firma Pilatus mit ihrem Turboprop-Trainer PC-7 HB-HOZ und aus den USA die Firma Beech mit der T-34C N23911 am Erprobungsfliegen teil. Der Wankelmotor-getriebene AWI-2 fliegt außer Konkurrenz mit, da die langfristige Versorgung mit Wankelmotoren nach dem Audi-NSU-Ausstieg nicht sichergestellt ist.

AWI-2 Fantrainer mit Wankelmotor (081, RFB)

Das dreiwöchige Erprobungsprogramm beginnt am 26. Juni 1978 in Manching. Jedes der teilnehmenden Flugzeuge absolviert ein 15 stündiges Flugprogramm. Die Flugzeuge bleiben nach Abschluss des Programms am 14. Juli 1978 während der Auswertung der Ergebnisse in Manching. Im September 1978 soll der turbinengetriebene Fantrainer ATI-2 auf der Airshow in Farnborough präsentiert werden. Die Luftwaffe stellt Rhein-Flugzeugbau dazu den ATI-2 aus der Erprobung zur Verfügung. Beim Überführungsflug nach Mönchengladbach, wo das Flugzeug für die Airshow vorbereitet werden soll, gerät der VFR fliegende ATI-2 am 7. September 1978 über dem Rheintal in schlechtes Wetter. Er zerschellt im Nebel bei Bingen an einem Weinberg. Der Pilot überlebt schwer verletzt. Nach dem Unfall wird der AWI-2 auf Allision-Turbine umgerüstet.

Luftwaffen-Vergleichsfliegen 1978
mit Beech T34C, Pilatus PC-7 und RFB Fantrainer (082, RFB)

Rückmeldungen aus den Ergebnissen der Flugerprobung greift Fischer auf und arbeitet diese in die Entwürfe des späteren Serienflugzeugs ein. Auch dem Wunsch nach einer stärkeren Motorisierung der Serienvariante kommt Hanno Fischer durch die leistungsstärkere C30-Variante der Allison-Turbine mit 600 PS entgegen. Diese neue leistungsstärkere Fantrainer-Variante wird ab 1979 als Fantrainer FT-600 bezeichnet, während Fantrainer mit der C20-Variante der Allison-Turbine als FT-400 angeboten werden. Bei den Serienmaschinen wird außerdem ein leicht verlängerter und erhöhter Rumpf vorgesehen. Der Fantrainer-Prototyp ATI-2 erhält zwar die stärkere Allison-Turbine, diese wird allerdings über ein Reduktionsgetriebe auf die schwächere C20-Variante herunter geregelt. Abgesehen von sonstigen Änderungen entspricht der ATI-2 ab 1980 dem künftigen Fantrainer FT-400.

Im Juli 1979 gibt die Luftwaffe die Ergebnisse des Vergleichsfliegens bekannt. Der Fantrainer erreicht wegen seines jetähnlichen Verhaltens und hoher Wirtschaftlichkeit die höchste Punktzahl unter den Bewerbern. Die Luftwaffe trifft eine Beschaffungsentscheidung zugunsten des Fantrainers. Dreißig Fantrainer sollen die mehr als zwanzig Jahre alten Piaggio P149 ablösen. Noch im Juli 1979 nimmt das Wehrbeschaffungsamt mit Rhein-Flugzeugbau die Verhandlungen über die Lieferung von Flugzeugen, Ersatzteilen und Simulatoren auf. Durch die Beschaffung von Alphajet und Tornado gerät der Verteidigungshaushalt 1979 allerdings in eine Schieflage. Um die Mehrausgaben zu kompensieren, schlägt der im Oktober 1978 ernannte Inspekteur der Luftwaffe, General Friedrich Obleser, im September 1979 eine Verlängerung der Einsatzdauer der Piaggio P149 Trainer bis 1984 vor. Obleser kritisiert gleichzeitig den hohen Beschaffungspreis des Fantrainers in Höhe von 550.000 US$, der inzwischen mit dem Wehrbeschaffungsamt vereinbart wurde. Obleser verweist auf zivile Prop-Trainer, die zu dieser Zeit für unter 100.000 US$ erhältlich sind. Die Entscheidung zur Beschaffung von Fantrainern wird aber nicht in Frage gestellt, da leichte Strahl-Trainer oberhalb 1,5 Millionen US$ kosten und die Konkurrenzflugzeuge zu höheren Stückpreisen angeboten wurden.

Die Entscheidung der Luftwaffe bedeutet für Rhein-Flugzeugbau aber zunächst eine Verschiebung der Serienaufnahme um mindestens zwei bis drei Jahre. Auch bei anderen Ausschreibungen erweist sich das Fehlen des Referenzkunden Luftwaffe als schwierig. Trotz der Entscheidung der Luftwaffe, den Fantrainer zunächst nicht zu beschaffen, wird Hanno Fischer im Dezember 1979 durch die Zeitschrift „Wehrtechnik“ der Bundeswehr zum „Mann des Jahres 1979“ gekürt. Damit wird nicht nur der Entwurf des Fantrainers gewürdigt, sondern ausdrücklich auch sein Konstrukteur, der „zu den wenigen Konstrukteueren gehört, die ihre Schöpfungen selbst fliegen“ und neben der reinen Flugzeugkonstruktion auch die Bedürfnisse der Pilotenausbildung kennt und für seine Konstruktion neue Ausbildungskonzepte vorlegen kann.

Vought V.538 Eaglet (NGT-Ausschreibung)

RFB Fantrainer Modell für USAF
(084. Sammlung Fischer)

General Tom Stafford und Hanno Fischer
(085. Sammlung Fischer)

Auch die U.S. Air Force und die U.S. Navy ist im Sommer 1979 auf der Suche nach einem geeigneten Trainings-Nachfolger für ihre Cessna T-37B. Im Rahmen der New Generation Trainer Ausschreibung NGT sollen 600 Basis-Trainer für die USAF und weitere 300 Flugzeuge für weiterführende Pilotenausbildung der US Navy beschafft werden. Die Ausschreibung fordert ein zweimotoriges Flugzeug mit zwei nebeneinander sitzenden Personen. Zur Bewerbung auf die Ausschreibung werden nur amerikanische Unternehmen zugelassen. Der Chef der Forschungs-, Entwicklungs- und Beschaffungsstelle der U.S. Air Force, General Tom Stafford kommt im Juli 1979 nach Deutschland, um den zur Beschaffung für die Bundesluftwaffe vorgesehenen Fantrainer zu testen. Stafford ist von den jetähnlichen Eigenschaften des Fantrainers überzeugt. Die Wirtschaftlichkeit des Fantrainers ermöglicht den Einsatz als „Low Cost Airborne Simulator“ (LCA), den die USAF für die NATO-Forderung von 180 Übungsstunden für einsatzfähige Kampfpiloten nutzen möchte, anstatt knappe und teure Einsatzflugzeuge oder Simulatorplätze planen zu müssen. Stafford empfiehlt eine Beteiligung an der NGT-Ausschreibung mit einem U.S.-amerikanischen Partnerunternehmen und nimmt die Fantrainer-Beschaffung im Rahmen des LCA-Programms in seine Planung auf.

Die frühere Kooperation mit Grumman war bereits nach dem Verkauf der Zivilsparte an American Jet Industries beendet. Im militärischen Bereich zeigte Grumman ohnehin wenig Kooperationsinteresse und für die NGT-Ausschreibung war man bereits mit Beech in eine Partnerschaft eingetreten. Rhein-Flugzeugbau nimmt deshalb Gespräche mit Rockwell, Lockheed und Vought über eine mögliche NGT-Kooperation auf. Schließlich unterzeichnen Vought, Rhein-Flugzeugbau und der Mutterkonzern VFW am 28. März 1980 ein Abkommen, dass Vought die Nutzung der Fantrainer-Technologie ermöglicht. Außerdem tritt Vought als primärer Anbieter des Fantrainers für das NGT-Programm auf, während Rhein-Flugzeugbau Subcontractor von Vought wird.

Der auf den Alphajet ausgerichtete ATI-2 Prototyp kann die grundsätzlichen Anforderungen der NGT-Ausschreibung nicht erfüllen. Zwar verfügt der Fantrainer über zwei Sitze. Diese sind aber hintereinander und nicht nebeneinander angeordnet. Auch die Einzelturbine widerspricht der Sicherheitsanforderung der NGT-Ausschreibung von zwei Triebwerken, zumal die Leistung zu gering ist. Für die NGT-Ausschreibung muss der Fantrainer überarbeitet werden. Die Kabinen- und Sitzanordnungen lassen sich durch Austausch der Cockpit-Sektion erreichen. Prinzipiell verfügt Rhein-Flugzeugbau mit dem Fanliner bereits über ein Cockpit mit zwei nebeneinander liegenden Sitzen. Statt des starken Einzelmotors Allison 250 C30 erhält der NGT-Trainer zwei gekoppelte Allison 250 C20. Das Heck mit der Mantelschraube wird vom ATI-2 übernommen. Auf die Übernahme der Kunststoff-Flügel wird verzichtet, um keine besonderen Anforderungen an die Serienfertigung zu stellen. Stattdessen wird für den Vought-Fantrainer eine neue Metallflügel-Konstruktion vorgesehen.

Vought V.538 Eaglet Entwurf auf Basis Fantrainer (086. RFB Information)

Vought Corporation reicht den modifizierten Fantrainer-Entwurf im April 1980 unter der Bezeichnung Vought V.538 Eaglet ein. Der Entwurf schafft es unter die fünf Bestbewerteten. Neben Cessna, Fairchild, General Dynamics und Rockwell erhält Vought im Juli 1980 den Auftrag zur Detaillierung des Entwurfs. Die Studien sollen Mitte Oktober abgeschlossen sein und dann verglichen werden. Die beiden besten Studien sollen 1980 mit der Entwicklung des neuen NGT beauftragt werden.

Endgültiger Entwurf Vought/RFB V.539 Eaglet (087, RFB Information)

Rhein-Flugzeugbau schickt zur Unterstützung der Studienphase den ATI-2 auf eine Demonstrationstour durch die USA. Zuvor war der ATI-2 mit der leistungsstärkeren C30-Variante der Allison-Turbine zum FT-600 aufgerüstet worden. Mit ihr fliegt der ATI-2 bzw. FT-600 Prototyp erstmals am 28. August 1980 in Mönchengladbach. Zwei Wochen später beginnt die FT-600 Tour am 12. September 1980 bei Vought in Dallas. Bis zum 16. Oktober absolviert der Fantrainer 145 Flüge und 118 Flugstunden in Dayton, Washington DC, San Antonio, sowie auf den Air Force Bases Wright Patterson, Andrews und Randolf. Während der Detailstudie ändert Vought verschiedene Elemente des Eaglet-Entwurfs. Die in den Rumpf integrierte Mantelschraube wird durch zwei am Rumpfheck angeordnete Mantelschrauben ersetzt. Der kreuzförmige Heckbereich des Fantrainers wird mit einer Verschalung geschlossen. Der inzwischen vom Fantrainer abweichende Entwurf wird als Vought V.539 nach Ende der Designphase vorgelegt. Bei der Auswertung der Vorschläge erweist sich der vergrößerte Rumpf als kritisch. Selbst mit der stärkeren Allison C30-Turbine können die geforderten Leistungen nicht erbracht werden. Der Vought-Entwurf scheidet im Oktober 1980 aus. Weder von der V.538 noch von der V.539 entsteht ein Prototyp. Die NGT-Ausschreibung gewinnt schließlich Fairchild mit ihrem T-46 Entwurf.

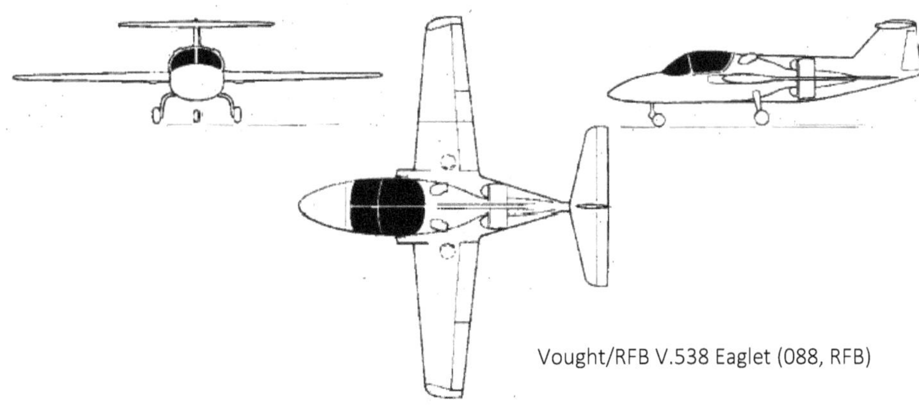

Vought/RFB V.538 Eaglet (088, RFB)

Royal Thai Air Force (RTAF) Fantrainer [8]

RTAF-5 im RTAF-Museum
(089, © Steve Darke)

Bei der thailändischen Luftwaffe befand sich seit 1976 im Science and Weapon Systems Development Center (SWSDC) in Don Muang bei Bangkok ein eigenes Trainingsflugzeug unter der Bezeichnung RTAF-5 in der Entwicklung. Mit diesen Maschinen sollen die alten CT.4 Airtrainer, sowie SF.260 und T-37C abgelöst werden. Der Entwurf basierte im Prinzip auf einer verkleinerten OV10 Bronco von North American, der mit einer Allison 250-B17C Turbinen ausgerüstet war. Ähnlich zum Fantrainer trieb diese Turbine einen Druckpropeller zwischen den beiden Leitwerken an. Auf Grund der technologischen Vergleichbarkeit der RTAF-5 und des Fantrainers bietet das SWSDC Rhein-Flugzeugbau Anfang der achtziger Jahre eine Vergleichsbewertung beider Entwürfe an. Dabei zeigte sich, dass der RTAF-5 Entwurf zu schwer war und in vielen Bereichen neu zu konstruieren war. Da das neue Trainingsflugzeug inzwischen auch für das Training der Northrop F-5 Freedom Fighter benötigt wurde, stand dem SWSDC nicht genügend Zeit für die Umkonstruktion der RTAF-5 zur Verfügung. Hanno Fischer schlägt der thailändischen Luftwaffe daher den Fantrainer zur Beschaffung vor. Eine komplette Aufgabe des staatlichen RTAF-5 Programms nach fünfjähriger Entwicklungszeit kam für die RTAF allerdings nicht in Betracht. Stattdessen fand man eine Kompromisslösung darin, dass man den gewichtskritischen Rumpf und Flügel vom Fantrainer übernahm, während das Heck einschließlich des Doppelleitwerks vom RTAF-5 kommen sollten. Die RTAF wollte dazu 16 Fantrainer FT-600 als Übergangslösung bis zur Zulassung des neuen RTAF-5 beschaffen. Weitere 32 Fantrainer Cockpit- und Flügelsektionen einschließlich Fahrwerk sollten für den Aufbau der RTAF-5 hinzu kommen. Bei der Zeitplanung für diese neue RTAF-5 zeigte sich aber, dass die dazu aufzuwendenden Kosten erheblich oberhalb des bisherigen RTAF-5 Programms liegen würden und der erforderliche Neuzulassungsprozess für das Flugzeug zeitlich vor allem vor dem Hintergrund der Free-

---

[8] Wings-Aviation.ch, Michael Fader

dom Fighter Einführung bei der RTAF nicht akzeptabel war. Die thailändische Luftwaffe entschließt sich daraufhin zu einer Beschaffung von kompletten Fantrainern unabhängig von der RTAF-5 Entwicklung. Um jedoch die bereits für die RTAF-5 aufgebaute Metallbau-Abteilung im SWSDC auszulasten, einigt sich RTAF und RFB darauf, dass die bestellten Fantrainer bei SWSDC mit aus Deutschland gelieferten Teilen in Lizenz endmontiert werden. Während die ersten 16 Fantrainer FT-600 unverändert mit Kunststoff-Tragflächen ausgeliefert werden sollten, einigte man sich bei den 32 Folgemaschinen auf die Übernahme eines Metallflügels, der in Eigenverantwortung bei SWSDC entwickelt werden sollte. Im August 1982 unterzeichnet die Royal Thai Air Force (RTAF) eine Bestellung über 32 Fantrainer FT-400 und 16 Fantrainer FT-600. Zusätzlich zeichnet RTAF eine Option auf 26 weitere FT-600. Der Vertrag über die 48 Fantrainer sieht nicht nur eine Baulizenz für diese Flugzeuge in Thailand vor, sondern gestattet der RTAF auch den Vertrieb der Flugzeuge in Südostasien. Die RTAF-5 wird dennoch im SWSDC weiterentwickelt. Der Prototyp startet am 5. Oktober 1984 zum Erstflug. Ein weiterer Prototyp dient als statische Testeinheit. Das Projekt wird 1987 aufgegeben.

Da die thailändische Luftwaffe spezielle Anforderungen an ihr Trainerflugzeug stellt, muss der Fantrainer-Entwurf angepasst werden. Die Cockpit-Sektion wird an den Freedom Fighter angepasst. Außerdem fordert die RTAF für ihre Trainingsflugzeuge Schleudersitze, die bei RFB speziell entwickelt werden. In Mönchengladbach entsteht 1983 ein Mockup für den neuen Rumpf- und Cockpitabschnitt inklusive Schleudersitze, die im Mockup später auf der Naval Air Weapons Station in China Lake in den USA erprobt werden. Anfang 1983 beginnt Rhein-Flugzeugbau mit dem Bau der vier Musterflugzeuge. Es entstehen zunächst zwei Fantrainer FT-600, gefolgt von zwei FT-400. Am 12. August 1984 startet Hanno Fischer mit dem ersten vergrößerten und leistungsstärkeren FT-600 D-EATR, Werksnummer 001 zum Erstflug. Die nächsten drei Mustermaschinen starten an den folgenden Tagen. Nur fünf Tage nach dem Erstflug einer Serienmaschine erfolgt am 17. August 1984 die Übergabe der beiden für Thailand bestimmten Mustermaschinen in Mönchengladbach an die

RTAF Fantrainer Mockup (090, RFB)

RFB Fantrainer FT-600 Prototyp, WNr. 001, D-EATR (091, RFB)

RFB Fantrainer FT-600 Mustermaschine, WNr. 002 ex D-EIWG für Thailand
(092, Michael Fader via Wings-Aviation.ch)

thailändische Luftwaffe. Die Werksnummer 002, FT-600 D-EIWG und 003, FT-400 D-EIWK bleiben aber zunächst in Deutschland. Auf diesen beiden Maschinen findet ab September 1984 die flugtechnische Ausbildung der ersten 35 thailändischen Ausbildungsoffiziere in Mönchengladbach statt. Auch das thailändische Technikpersonal wird an diesen beiden Flugzeugen im Herbst 1984 praktisch ausgebildet. Nach Abschluss der Ausbildung werden die beiden Maschinen zerlegt und Ende 1984 als Mustermaschinen nach Thailand verschifft. Etwa zeitgleich verlassen auch die ersten Kitsets Deutschland in Richtung Thailand. Die beiden anderen Fantrainer verbleiben als Musterflugzeuge für die Teilefertigung bei RFB in Mönchengladbach. Eine dieser beiden ersten Serienmaschinen wird nur vier Wochen nach dem Erstflug im September 1984 auf der Airshow in Farnborough präsentiert.

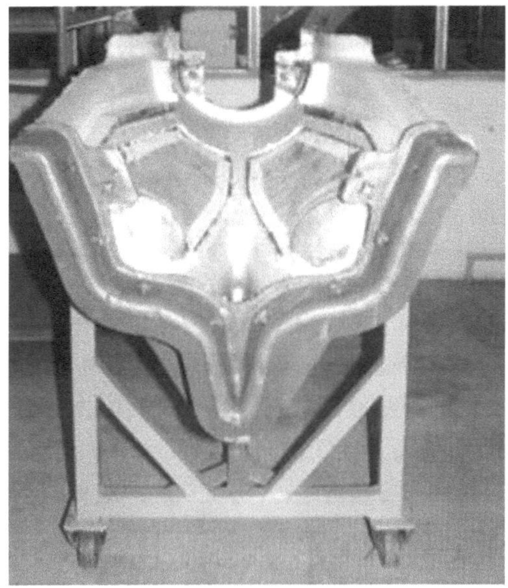

FT-600 Kit Sets in Bangkok
(093, Michael Fader via Wings-Aviation.ch)

Parallel zu den Arbeiten in Deutschland bereitet die Royal Thai Air Force in Bangkok die Serienmontage mit Unterstützung von RFB vor. Beim Directorate of Aeronautical Engineering in Bangsue war man mit der Entwicklung der Metalltragflächen für den thailändischen FT-400 beschäftigt. Die ursprüngliche Planung sah den Produktionsstart des FT-400 in Thailand für das letzte Quartal 1984 vor. Sieben Flugzeuge sollten noch 1984 in Thailand fertiggestellt werden. Die Entwicklung der Metallflügel war jedoch aufwendiger als gedacht. Wegen der fehlenden Flügel wurde die Aufnahme der Serienmontage zunächst auf das Jahr 1985 verschoben. Aber auch im weiteren Verlauf des Jahres 1985 ist ein erfolgreicher Abschluss der Flügelentwicklung nicht absehbar. Deshalb fällt Ende 1985 die Entscheidung zunächst mit einer FT-600 Montagelinie zu beginnen, in der der RFB-eigene Kunststoff-Flügel zum Einsatz kommt. Diese Linie läuft 1986 mit zweijähriger Verspätung in Bangkok an. Bis Ende 1987 werden in dieser Linie die vorgesehenen 14 Flugzeuge erfolgreich montiert und an die fliegenden Einheiten ausgeliefert.

FT-400 Aluminium-Tragfläche aus thailändischer Produktion (094, RTAF via RFB)

Die FT-600 werden bei RTAF als B.F.18K bezeichnet. Sie kommen bei der 4. Staffel der 402. Squadron zum Einsatz. Die Pilotenausbildung auf dem Fantrainer beginnt bei der thailändischen Luftwaffe 1988. Die 14 FT-600 Fantrainer werden an der Flugschule von Kaemphaeng Saen stationiert. Die Flugschüler absolvieren zunächst ein Lernprogramm von 65 Flugstunden auf dem Basistrainer CT-4A. Anschließend erfolgt das Basis-Jet-Training mit 135 Flugstunden auf dem Fantrainer FT-600, bevor die Flugschüler auf den endgültigen Jettrainer Cessna T-37C wechseln.

Anfang 1988 treffen die letzten von 43 Fantrainer-Kits aus Deutschland in Thailand ein. Abgesehen von einigen wenigen Versuchskits, die 1985 bereits für den Start der FT-400 Linie verwendet wurden, lagern fast alle FT-400 noch in ihren Anlieferungskisten. Sie warten auch 1988 noch auf die Verfügbarkeit der thailändischen Metallflügel. Durch die nachträgliche Forderung der thailändischen Luftwaffe Aufnahmeeinrichtungen für Waffensysteme und Pylonen am Flügel zusätzlich vorzusehen, mussten Teile der ohnehin bereits verzögerten Entwicklungsarbeiten 1987 nochmals durchgeführt werden. Auch der Zertifizierungsprozess für die Flügel erfordert 1988 längere Zeit. Mit vierjähriger Verspätung stehen die ersten Metalltragflächen im Sommer 1988 zur Verfügung. Die ersten fünf FT-400 werden daraufhin noch 1988 fertiggestellt. Bei der Montage dieser Maschinen treten aber erhebliche Probleme auf Grund zu hoher Fertigungstoleranzen bei den gefertigten Tragflächen auf.

Fantrainer bei RTAF 402. Squadron in Thailand (095, RTAF via RFB)

Dennoch werden die ersten Maschinen an die fliegenden Verbände der RTAF ausgeliefert. Sie erhalten die Bezeichnung B.F.18 bei der thailändischen Luftwaffe und werden wie die FT-600 an die 402 Squadron übergeben. Im Gegensatz zur FT-600 erweist sich die FT-400 im praktischen Einsatz als kaum fliegbar. Einerseits waren die Metallflügel viel zu schwer geworden, andererseits führten aber auch die hohen Fertigungstoleranzen beim Bau der Flügel zu sehr individuellen aerodynamischen Eigenschaften der Flügel. Jeder der fünf ersten FT-400 aus thailändischer Produktion hatte daher seine eigenen spezifischen Kennwerte. Nur erfahrene Trainingspiloten waren daher in der Lage diese Flugzeuge einigermaßen sicher zu fliegen. Daraufhin wird die FT-400 Serienmontage 1988 erneut gestoppt. Kurzzeitig denkt man zur Lösung der Gewichtsproblematik sogar daran, auf eine Kunststoff-Tragflächen-Konstruktion zu wechseln. Da die thailändische Luftwaffe aber weiterhin darauf bestand, ihren Eigenanteil der Herstellung des FT-400 in Thailand zu erbringen, rät Rhein-Flugzeugbau von dieser Lösung ab. Für die Herstellung von Kunststoff-Bauteilen fehlte in Thailand auf absehbare Zeit einfach die Erfahrung und die Technologie. Stattdessen wurde der Metallflügel mit Unterstützung von RFB nochmals auf Potentiale zur Gewichtsreduzierung überprüft. Auch die vorgesehenen Toleranzen in der Fertigung und Montage der Tragflächen wurden gemeinsam mit RFB nochmals überprüft und angepasst. Im Sommer 1989 lagen die notwendigen Änderungen für die Tragflächen vor. Es dauerte allerdings nochmals zwei Jahre, um die Änderungen zu zertifizieren und in den Produktionslinien die Voraussetzungen zu schaffen, damit die geforderten Toleranzen tatsächlich eingehalten werden.

Erst 1992 läuft die FT-400 Montagelinie bei RTAF wieder an. Weitere sechs FT-400 mit Metallflügel werden in Bangkok fertiggestellt. Auch diese Flugzeuge bleiben trotz Gewichtsreduzierung leitungsmäßig hinter den Erwartungen. Die Produktion der thailändischen Fantrainer wird daraufhin 1992 eingestellt. Insgesamt wurden 14 FT-600 und 11 FT-400 an die fliegenden Einheiten ausgeliefert. Neun FT-400 Kits lagern heute unbenutzt bei RTAF. Die übrigen Kits wurden für Testaufbauten verbraucht.

Der Ausbildungsbetrieb wird zunächst mit den FT-600 aufrecht erhalten. Die Flotte ist aber für den Ausbildungsbedarf der thailändischen Luftwaffe nach Einstellung der FT-400 Montagelinie auf absehbare Zeit zu klein. Deshalb entscheidet sich die thailändische Luftwaffe schon 1991 für die Einführung des Konkurrenzmusters PC-9. Mit der Insolvenz Rhein-Flugzeugbaus im Jahr 1994 verschlechtert sich die Ersatzteillieferung aus Deutschland zunehmend und bleibt schließlich ganz aus. Eine gewisse Zeit kann man die Ersatzteilbevorratung über die noch vorhandenen Kit Sets sicherstellen. Da aber auch die Herstellerunterstützung beim Trouble Shooting mit der RFB Insolvenz nicht mehr funktioniert, mussten immer mehr Flugzeuge der eigentlich zufriedenstellend betriebenen FT-600 am Boden bleiben. Ende 1994 wurden auch die letzten noch im Einsatz befindlichen Flugzeuge abgestellt. Die Maschinen werden eingelagert und existieren weitgehend noch heute in Lagern oder Museen der thailändischen Luftwaffe. Vier der 25 thailändischen Fantrainer gingen während der Einsatzzeit 1987 bis 1994 durch Absturz verloren. Die beiden Mustermaschinen in Deutschland verblieben in der RFB-Konkursmasse. Sie wurden später an Privatpersonen in Deutschland versteigert und fliegen heute im privaten Luftverkehr in Deutschland und Russland.

Rhein-Flugzeugbau versucht im Frühjahr 1994 noch einmal einer Stilllegung der thailändischen Fantrainer entgegen zu wirken. Unter der Bezeichnung Tiro-Trainer schlägt man der thailändischen Luftwaffe die Einführung einer leistungsstärkeren Weiterentwicklung des Fantrainers bei weitgehender Bauteilgleichheit vor. Die Gespräche enden aber kurze Zeit später mit der Insolvenz von Rhein-Flugzeugbau.

Auch wenn die Einsatzdauer des Fantrainers bei der thailändischen Luftwaffe verhältnismäßig kurz war, bestätigte der erste praktische Routine-Einsatz des Fantrainers bei einem Launching Customer die Erwartungen an das Flugzeug. Die FT-600 Trainer wurden von 1988 bis 1992 zufriedenstellend bei RTAF im

Training eingesetzt. Auch der Knowhow-Aufbau im Bereich der Faserkunststofftechnik beim Wartungspersonal der thailändischen Luftwaffe konnte erfolgreich umgesetzt werden und versetzte die RTAF in die Lage, kleinere Reparaturen in diesem Bereich selbst durchzuführen. Selbst für die Produktionsprobleme der thai-eigenen Metalltragflächen zeichneten sich mit Unterstützung von RFB tragfähige Lösungen ab. Wirtschaftlich war der Auftrag für Rhein-Flugzeugbau durchweg positiv. Letztlich scheitert der langfristige, erfolgreiche Einsatz des Fantrainers in Thailand aber an den zunehmenden, wirtschaftlichen Problemen des Herstellerwerks in Deutschland, das die Anforderungen des operativen Trainingsbetriebs immer weniger hinsichtlich Ersatzteillieferungen und Engineering Support erfüllen konnte.

RAF Provost T.3A Ersatz – AST.412

In England schreibt die Royal Air Force (RAF) 1983 im Rahmen des AST.412 Programms den Ersatz ihrer 150 Provost T.3A und T.5A Trainer von Hunting Percival aus. Der Provost Trainer war ein leichter Strahltrainer, der als Einstiegstrainer für fortgeschrittene Jetschüler diente. Ebenso wie bei der amerikanischen NGT-Ausschreibung dürfen am AST.412 nur nationale, also britische Unternehmen teilnehmen.

Rhein-Flugzeugbau führt daher Kooperationsgespräche für die AST.412 Ausschreibung mit British Aerospace, Westland Helicopters und Short. British Aerospace beteiligt sich bereits mit einem eigenen Entwurf unter der Bezeichnung P.164 an der Ausschreibung. Später zieht British Aerospace diesen Entwurf zurück und beteiligt sich stattdessen an der PC-9 Beteiligung durch die Schweizer Firma Pilatus. Westland Helicopters kooperiert mit NDN bei der Vorlage des Turbo Firecracker und Short beteiligt sich an der EMB 312 Tucano des brasilianischen Unternehmens Embraer. Die übrigen englischen Unternehmen legen eigene Entwürfe, wie etwa Edgley EAX, Miles Merlin und Martlet.

Obwohl Rhein-Flugzeugbau bereits 1983 ein Mockup für das von der RAF geforderte Cockpit-Layout in Anlehnung an die Hawker Hawk präsentieren kann, scheitert der Fantrainer im März 1984 bei der Festlegung der RAF-Shortlist. Die Australian Aircraft Consortium A.20 Wamire II, die Embraer EMB.312 Tucano mit dem Partner Short, der NDN Firecracker mit Partner Westland und die Pilatus PC-9 mit British Aerospace kommen in die finale Auswahl. Die Embraer EMB.312 Tucano gewinnt schließlich die AST.412 Ausschreibung.

Zweite Trainerausschreibung der Luftwaffe 1985

Nachdem General Obleser im April 1983 als Inspekteur der Luftwaffe von General Eberhard Eimler ersetzt wurde, kommt die Ersatzbeschaffung der Piaggio P.149 wieder auf die Agenda. Neben dem Bedarf für ein reines Ausbildungsflugzeugs für Jetpiloten hat die Luftwaffe inzwischen auch den Bedarf für ein Flugzeug mit dem die NATO-Anforderungen von Mindestflugstunden für ihre einsatzfähigen Kampfpiloten erfüllt werden kann ohne damit die Einsatzmaschinen zu beaufschlagen. Rhein-Flugzeugbau stellt dazu erneut das bereits mit dem USAF-General Stafford diskutierte „Low Cost Airborne Simulator" Konzept auf Basis des Fantrainers vor, bei dem die geforderten Einsatzstunden auf einem jetähnlichen, aber wesentlich günstigeren Fluggerät wie dem Fantrainer durchgeführt werden.

Für das erneute Erprobungsprogramm erhält die Luftwaffe im Sommer 1985 die beiden für die thailändische Luftwaffe gebauten Mustermaschinen der FT-400 und FT-600. Die beiden FT-600 D-EATR und D-EIWZ kommen im Juli 1985 zum JaBo-Geschwader 31 und erhalten dort die militärischen Erprobungskennzeichen 98+75 und 98+76. Der leistungsschwächere FT-400 D-EATP wird Ende Juli an das JaBo-Geschwader 49 übergeben und geht als 98+77 dort in die Flugerprobung.

Fantrainer FT-600 D-EIWZ / 98+76 bei Luftwaffen-Erproung 1985 (096, RFB)

Das Erprobungsprogramm der FT-600 umfasst 113 Flüge mit 121 Flugstunden und endet Mitte August. Der FT-400 fliegt bis Mitte September 80 Einsätze mit 120 Flugstunden. Die Erprobung der Fantrainer verläuft zufriedenstellend und führt 1986 zu einer Beschaffungsempfehlung durch das Wehrbeschaffungsamt.

Parallel zur Erprobung der Fantrainer untersucht das Bundes-Verteidigungs-Ministerium allerdings auch die komplette Auslagerung der Jetpiloten-Ausbildung in die USA. Trotz der offenen Fragen bei der Nachschulung von Piloten entscheidet sich die Luftwaffe 1987 zu dieser Maßnahme und verlagert ihre komplette Pilotenausbildung in die USA. Die alten Piaggio P.149 werden daraufhin ersatzlos ausgemustert.

Die Nachschulung und die von der NATO geforderten Mindestflugstunden der Bestandspiloten sollen nach Überlegungen des Ministeriums mit Einsatzmaschinen erbracht werden. Auf Anregung des Bundeswirtschaftsministers wird diese Entscheidung 1989, möglicherweise im Vorfeld der amerikanischen JPATS-Ausschreibung an der sich MBB und RFB mit dem Fanranger beteiligen wollen, im Verteidigungsministerium noch einmal überprüft[9]. Die Luftwaffe entscheidet sich daraufhin zur Beschaffung von zwei Low Cost Airborne Simulatoren auf Basis des Fantrainers für die Ausbildung und Nachschulung in Deutschland und stellt diese Beschaffung in ihre Haushaltsplanung für 1990 ein.

Durch die veränderte weltpolitische Lage nach dem Zusammenbruch der UdSSR kann das Ministerium in den Haushaltsausschußsitzungen den militärischen Bedarf für die Airborne Simulatoren nicht mehr ausreichend begründen. Auch die Kosten von 1 Mio. DM für eine dreijährige Anmietung der Prototypen kann das Ministerium im Haushalt 1991 nicht ausreichend begründen. Auf Anregung des Bundesrechnungshofes verzichtet das Verteidigungsministerium im Januar 1992 endgültig auf die Beschaffung der beiden Flugzeuge.[10]

FT-600 Vertrieb

Nach der Übernahme des VFW-Konzerns durch Messerschmitt-Bölkow-Blohm im Jahr 1981 behält Rhein-Flugzeugbau seine Eigenständigkeit. Im Rahmen des Vertriebs tritt das Unternehmen ab 1982 auf den Ständen des MBB-Konzerns als Eigenmarke auf. Nachdem die ersten Mustermaschinen der FT-400 und FT-600 im August 1984 fertiggestellt wurden, übernehmen diese auf den internationalen Luftfahrtmessen das Demonstrationsprogramm. Der FT-600 D-EATR wird auf dem Pariser Aerosalon im Juni 1985 der Öffentlichkeit vorgestellt.

---

[9] Drucksache 12/5171 des Bundestages 17.06.93

[10] Drucksache 12/3250 des Bundestags 21.09.92

Über die thailändische Luftwaffe, die in Asien die Rechte zur Vermarktung und Lizenzfertigung des Fantrainers hat, nimmt Rhein-Flugzeugbau 1985 an der Ausschreibung von 12 Trainerflugzeugen für die Luftwaffe von Sri Lanka teil. Neben der SF260TP von Siai Marchetti werden die Embraer EMB-312, die Pilatus PC-9 und der RFB Fantrainer untersucht. Sri Lanka entscheidet sich für die italienische SF260TP. Auch Gespräche mit der philippinischen Luftwaffe über 85 Trainingsflugzeuge enden 1985 ergebnislos. Mit Paraguay führt Rhein-Flugzeugbau Gespräche über eine bewaffnete Version des FT-600. Zwei Vertreter der paraguayischen Luftwaffe fliegen den Fantrainer 1986 in Mönchengladbach. Als Ausrüstung werden Raketen, Maschinengewehre und eine 20 mm Kanone für Paraguay vorgesehen. Bei der Anfrage Rhein-Flugzeugbaus an die Bundestagsvertreterin Ursula Krone-Appuhn bezüglich eines Hermes-Kredits werden 1986 Korruptionsvorwürfe gegen Krone-Appuhn im Bundestag erhoben, die einen Kontakt zu Bernd Bertram hergestellt hatte. Franz-Josef Strauß unterstützt die Verhandlungen 1987 durch ein persönliches Schreiben an den paraguayischen Staatschef Alfredo Stroessner, in dem er einen Kauf des Fantrainers zur Verbesserung der wirtschaftlichen Beziehungen empfiehlt. Ein Geschäft kommt nicht zustande.

RFB Fantrainer D-EATP in Lufthansa Erprobungs-Livery, 1989 (097, RFB Brochüre)

Ende der achtziger Jahre sucht die Lufthansa Flugschule ein neues Trainingsflugzeug für ihre Piloten-Ausbildung. Im Sommer 1989 erhält die Flugschule der Lufthansa in Bremen den Fantrainer FT-600 D-EATP zu Test-Zwecken. Das Flugzeug erscheint mit Lufthansa-Kranich am Leitwerk auf dem 38. Aerosalon im Juni 1989 in Le Bourget.

Letztlich entscheidet sich die Lufthansa aber gegen eine Beschaffung von Fantrainern, da diese zu stark auf militärische Flugzeugmuster ausgelegt sind. Vor allem die beiden hintereinander angeordneten Sitze passen nicht zum Ausbildungskonzept der Berufspiloten. Für die Realisierung eines Cockpits mit nebeneinander sitzenden Piloten, wie es konzeptionell bereits bei der Vought Eaglet oder im Fanliner realisiert wurde, sind die benötigten Stückzahlen der Lufthansa zu gering.

Rockwell / RFB
Fan Ranger / FR-06 Ranger 2000 [11]

Bei der U.S. Air Force wird Ende der achtziger Jahre deutlich, dass die aus der NGT-Ausschreibung 1980 ausgewählte Fairchild T46 die Anforderungen nicht erfüllen kann. Gemeinsam mit der U.S. Navy, die ebenfalls ein neues Trainerflugzeug sucht, wird 1989 das Joint Primary Aircraft Training System JPATS als neue Trainerausschreibung aufgelegt. Der MBB-Konzern beauftragt sein Tochterunternehmen RFB 1990 mit der Vorlage eines Entwurfs für diese Ausschreibung. Unter der Bezeichnung Fanranger erstellt Christoph Fischer den Entwurf eines weiterentwickelten Fantrainers. Er verwendet den hinteren Metallrumpf des Fantrainers, während der vordere Teil komplett in Faserkunststoff-Technik ausgeführt wird. Er ist deutlich größer und schwerer als der Fantrainer und erhält das 14,2 kN starke Pratt & Whitney Turbofan-Triebwerk JT15D-5C, das hinter der Kabine angeordnet ist und durch zwei Lufteinlässe oberhalb des Flügels mit Luft versorgt wird.

Wie bei der NGT-Ausschreibung Anfang der achtziger Jahre sind auch für die JPATS-Ausschreibung ausschließlich amerikanische Unternehmen zugelassen. Der Mutterkonzern MBB und die U.S.-amerikanische Rockwell International hatten gerade das X31-Joint Venture erfolgreich beendet. Daher regte MBB eine Zusammenarbeit zwischen RFB und Rockwell bei der JPATS-Ausschreibung an. Rockwell trägt 60% der Entwicklungs- und Baukosten von 40 Millionen DM, MBB übernimmt 40%. Die Vereinbarung sieht den Bau von zwei Prototypen bis 1992 vor, die man gemeinsam im Rahmen des JPATS einreichen will. Die Entwicklungsarbeiten erfolgen bei der MBB-Tochter Rhein-Flugzeugbau, während Rockwell den Kontakt zur USAF für die Ausschreibung wahrnimmt. Für den Fall eines Zuschlags durch das JPATS-Programm wird Rockwell in Tulsa die Produk-

[11] Flight International, 28.11.1990, „German Fanranger joins JPATS bidding“

tionslinie für den Fan Ranger aufbauen. Mögliche Gewinne werden paritätisch zwischen den beiden Geldgebern aufgeteilt.

Kurz nach Abschluss der Vereinbarung wird MBB in den DASA-Konzern übernommen und RFB verkauft. DASA übernimmt jedoch die Entwicklungsverpflichtung und vergibt die Entwicklungsarbeiten an das ehemalige Tochterunternehmen Rhein-Flugzeugbau. Die Entwicklungsarbeiten und der Teilebau finden in Mönchengladbach statt. Die Endmontage erfolgt im DASA-Werk in Manching. Der erste Prototyp wird Ende 1992 fertiggestellt und startet mit der deutschen Zulassung D-FANA am 15. Januar 1993 in Manching zum Erstflug. Der Flug mit ausgefahrenem Fahrwerk dauert 98 Minuten.

Rockwell/RFB Fanranger Prototyp D-FANA 1993
(098, Airbus Group Corporate Heritage)

Der zweite Prototyp mit der Zulassung D-FANB folgt im Februar 1993. Während der nachfolgenden Erprobung und Testflüge kommt es wiederholt zu technischen Problemen. Im April 1993 fährt beim Prototyp D-FANA eines der Hauptfahrwerke bei Landeanflug nicht aus. Nur drei Monate später geht der zweite Prototyp D-FANB am 27. Juli 1993 in Dollnstein bei Manching bei einem Erprobungsflug verloren. Der Testpilot Frank Birk wird beim Ausstieg mit dem Schleudersitz schwer verletzt und verstirbt später. Vermutliche Ursache des Absturz war ein Stall am Leitwerk ausgelöst durch die Luftbremsen.

Nach dem Unfall erwägen DASA und Rockwell sogar den Rückzug aus der JPATS-Ausschreibung. Schließlich entschließt man sich aber doch zur Überarbeitung der Konstruktion und zur Verlagerung der Luftbremsen. Nach Einbau und Erprobung der Modifikationen am Prototypen D-FANA beginnt im Januar 1994 der Bau eines dritten Prototypen. Die Musterbezeichnung Fan Ranger wird danach in FR-06 Ranger 2000 geändert. Der dritte Prototyp D-FANC startet am 20. Juni 1994 in Manching zum Erstflug. Nur zehn Tage später wird er an Rockwell in Tulsa abgegeben. Der erste Prototype war bereits Anfang Juni in die USA überführt worden. Bei Rockwell in Tulsa werden die Flugzeuge für das JPATS Vergleichsfliegen vorbereitet und erhalten die amerikanischen Zulassungen N104NA und N204NA. Beide Flugzeuge werden zur Wright Patterson Air Force Base in Dayton überführt. In Dayton nehmen am JPATS Vergleichsfliegen die Pilatus PC-9 von Beech und Pilatus, Cessna CitationJet, die MB339A von Aermacchi und Lockheed, die EMB.312HJ von Embraer und Northrop-Grumman, die S211A von Augusta und Northrop-Grumman, die Pampa 2000 von Vought und FMA, sowie die Ranger 2000 von Rockwell und DASA. Das Vergleichsfliegen beginnt Ende Juli und dauert bis Ende Oktober 1994. Nach einer siebenmonatigen Auswertung steht im Juni 1995 die PC-9 von Pilatus als Sieger fest, die künftig als Raytheon MkII das neue Trainerflugzeug von USAF und USN sein wird.

Nach dem Scheitern der Tainerbewerbung versuchen Rockwell und DASA den Ranger 2000 anderweitig zu positionieren. In Südkorea wird von staatlicher Seite schon seit 1991 an der Entwicklung eines Trainings- und Erdkampfflugzeugs unter der Bezeichnung KTX-II gearbeitet. Nach dem Ausstieg des amerikanischen Partners Lockheed Martin, sucht der südkoreanische Staatskonzern nach einem neuen Partner, der sich an der etwa 2 Milliarden US$ teuren Entwicklung beteiligen kann. In Korea tritt Samsung Aerospace ein. DASA ist 1996 prinzipiell an einer Beteiligung interessiert und möchte den Ranger 2000 in die Entwicklung einbringen. Schließlich erneuert Lockheed Martin 1996 jedoch seine Beteiligung und die Verhandlungen mit DASA enden. Rockwell International bietet die Ranger 2000 schließlich noch einmal 1997 auf eine Trainer-Ausschreibung der türkischen Luftwaffe hin an. Auch diese Ausschreibung geht verloren. Danach einigen sich DASA und Rockwell auf die Einstellung des Programms. Je ein Prototyp verbleibt bei Rockwell in Tulsa und bei DASA in Manching. Die beiden Flugzeuge existieren auch heute noch im Luftfahrtmuseum von Tulsa, sowie in Privatbesitz die Maschine in Deutschland.

Der Fan Ranger bzw. Ranger 2000 ist die letzte realisierte Flugzeugentwicklung von Rhein-Flugzeugbau. Bereits während der Entwicklung zeichnet sich die Insolvenz von RFB ab. Der Fan Ranger ist das letzte Glied aus einer Entwicklungslinie die sich von der FiBo II im Jahr 1951 über vierzig Jahre mit Fanliner und Fantrainer zur Ranger 2000 entwickelt hat. Sie ist gleichzeitig auch das Ende der Fantrainer-Entwicklung bei Rhein-Flugzeugbau.

Tiro Trainer[12]

Nachdem sich auch der FT-600 Fantrainer bei vielen Ausschreibungen als nicht ausreichend motorisiert erwiesen hatte, entstanden bei Rhein-Flugzeugbau seit Mitte der achtziger Jahre stärker motorisierte Entwürfe. Hierzu gehören der FT-800, FT-1000, FT-1200 und FT-1500. Der FT-1000 aus dem Jahr 1988 war neben seiner Trainingsaufgabe auch als Waffenträger konzipiert. Der FT-800 wurde erstmals auf dem Aerosalon 1993 als Projektidee vorgestellt. Über das Ideenstadium kamen diese Entwürfe aber nicht mehr hinaus.

Neben dem Turbofan in der Ranger 2000 entstand Anfang der neunziger Jahre bei Rhein-Flugzeugbau noch der Entwurf eines Fan-Jets unter dem Namen Tiro Trainer. Er soll die Mantelschrauben-Technologie fortschreiben. Der Tiro Trainer soll mit einem 8,45 kN starken Williams Rolls-Royce FJ44 Triebwerk ausgerüstet werden. Bauteiltechnisch soll das Flugzeug viele Teile des älteren Fantrainer übernehmen. Mit 625 km/h Höchstgeschwindigkeit ist der Tiro Trainer knapp 30% schneller als der ältere FT-600. Das Startgewicht ist allerdings mit 1800 kg um zehn Prozent reduziert und auch die Flugdauer ist mit 2:30 Stunden um eine Stunde gegenüber dem älteren FT-600 verkürzt.

Mit dem beginnenden Phaseout der Fantrainer bei der thailändischen Luftwaffe schlägt Rhein-Flugzeugbau 1994 den Tiro Trainer als Nachfolger für die FT-400/600 vor. Eine erneute Zusammenarbeit zwischen RTAF und Rhein-Flugzeugbau kommt allerdings nicht mehr zustande. Der Tiro Trainer wird nicht mehr realisiert.

[12] Flight International, 15.06.1994, „Germans target Thai training needs“

Fanjet FJ-600

Mit der Insolvenz von Rhein-Flugzeugbau im Jahr 1994 enden die Aktivitäten um den Fantrainer zunächst. Die drei in Mönchengladbach befindlichen Prototypen werden 1998 von Peter Adrian und Ralph Thomas aus der Konkursmasse der Rhein-Flugzeugbau ersteigert. Ein Flugzeug D-EIWZ erwirbt Andreas Sattler aus Schorndorf. 2010 erwirbt Sattler bzw. seine Firma Fanjet Aviation GmbH Werkzeuge und sämtliche Zulassungs- und Konstruktions-Unterlagen des Fantrainers. Ebenso gehört Sattler inzwischen ein umfangreiches Ersatzteillager für den Fantrainer.

Fanjet FJ-600 D-EIWZ (099, Fanjet Aviation, Andreas Sattler, CC-BY-SA 3.0))

Sattler möchte den erworbenen Fantrainer FT-600 auf moderne Ausrüstungsstandards anheben und unter der Bezeichnung Fanjet FJ-600 auf den Markt bringen. Zu den vorgesehenen Modifikationen gehört der Einbau eines Glas-Cockpits. Die Neuauflage einer Fantrainer-Produktion wird allerdings nur bei ausreichender Marktnachfrage stattfinden. Der Fanjet-Prototyp von Fanjet Aviation befindet sich zur Zeit am Flughafen Schwäbisch-Hall.

Übersicht der Fantrainer-Entwicklungen:

RFB Vought MBB-Rockwell	AWI-2 (1976)	ATI-2 (1976)	Vought V-539 (1980)	FT-400 (1983)	FT-600 & Fanjet (1983)	ATI-2-KI (1975)	Tiro Trainer (1993)	Fan Ranger / Ranger 2000 (1992)
Besatzung	2	2	2	2	2	2		2
Länge	8,94 m	8,94 m	9,83 m	9,48 m	9,48 m			10,91 m
Spannweite	9,60 m	9,60 m	12,47 m	9,70 m	9,74 m	7,88 m		10,45 m
Flügelfläche	13,90 m²	13,90 m²	17,45 m²	14,00 m²	14,00 m²	11,90 m²		15,55 m²
Höhe		2,90 m	3,20 m	3,16 m	3,16 m			3,91 m
Leermasse		925 kg		1114 kg	1160 kg	1200 kg		
Max. Start-masse	1580 kg	1580 kg	2320 kg	1800 kg	2300 kg		1990 kg	3583 kg
Max. Geschw.	320 km/h	208 KTAS		370 km/h	417 km/h	458 km/h	625 km/h	726 km/h
Gipfelhöhe		6700 m		6100 m	7620 m			10600 m
Reichweite		1300 km		1186 km	1037 km	1600 km	2:30 hrs	1800 km
Triebwerk	2 x NSU EA871 L mit 150 PS	1 x Allison 250-C20B mit 420 PS	2 x PW PT6B-34	1 x Allison 250-C20B mit 420 PS	1 x Allison 250 C30 mit 650 PS	1 Lyco-ming LTS 101 mit 590 PS	1 x 8.45k N Willi-ams Rolls-Royce FJ44	1 x PWC JT15D-5C mit 14,19 kN

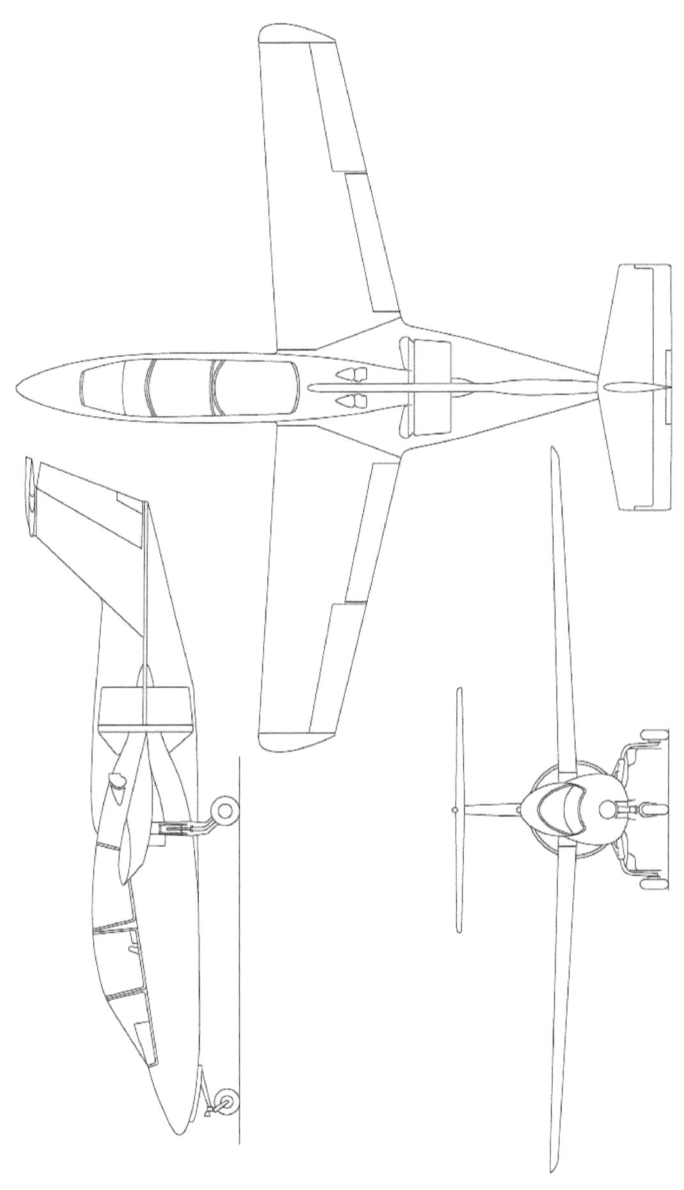

AWI/ATI-2 Fantrainer um 1976 (083, RFB)

Mit Sirius, Fanliner und Fantrainer betreibt Hanno Fischer in den siebziger Jahren bei Rhein-Flugzeugbau die konsequente, technologische Weiterentwicklung seiner in den fünfziger Jahren begonnenen Entwürfe des FiBo 2 und der RW-3. Zeitgleich entsteht bei Rhein-Flugzeugbau aber auch ein Entwicklungsprogramm, dessen Ursprünge auf einen anderen namhaften deutschen Flugzeugentwickler, nämlich Alexander Lippisch zurückgehen.

Alexander Lippisch (100)

Alexander Lippisch war während des zweiten Weltkriegs an der Entwicklung schwanzloser Flugzeuge beteiligt, unter anderem an der Entwicklung der Messerschmitt Me 163. Nach Ende des Krieges verlässt Lippisch im Rahmen der Operation Overcast Deutschland und stellt sein Wissen den USA zur Verfügung. Nach Abschluß der Operation Overcast bleibt Lippisch in den USA. Ab 1950 wird Lippisch für Collins Radio Company in Cedar Rapids tätig. Bei Collins übernimmt Lippisch die Leitung des luftfahrttechnischen Bereichs. Hier beschäftigt er sich mit VTOL-Technologien und ferngelenkten Flug-Körpern. Hieraus entsteht der Aerodyne, ein flügelloses, propellergetriebenes Luftfahrtgerät, das senkrecht starten und landen konnte. Die Arbeiten am Aerodyne sind 1960 weitgehend abgeschlossen. Lippisch wechselt daraufhin noch im gleichen Jahr in das hydromechanische Labor bei Collins Radio, dessen Leitung er übernimmt.

Lippisch erhält die Anforderung zur Entwicklung von schwimmenden Testplattformen, auf denen künftig neue Collins Radio Avionik erprobt werden soll. Teilweise handelt es sich bei diesen Testplattformen um Hochgeschwindigkeits-Boote, die unter den Bezeichnungen X.101 bis X.106 entstehen. Als Nebeneffekt der Entwicklung beobachtet Lippisch, dass ein Boot bei bestimmten Grenzgeschwindigkeiten stark aus dem Wasser abhebt und zeitweise über dem Wasser schwebt. Lippisch untersucht diesen Effekt, den er später als Bodeneffekt beschreibt und entwickelt im Weiteren Boote, die diesen Effekt gezielt und permanent ausnutzen.

Lippisch beschäftigt die Frage, wie man den Bootskörper vollständig aus dem Wasser anheben kann und stattet dazu den Bootsrumpf mit Flügeln aus. Bei Collins entsteht ein Flugboot mit einem umgedrehten Deltaflügel, das unter Ausnutzung des sogenannten Bodeneffekts effizient über der Wasseroberfläche gleitet. Das erste Bodeneffekt-Flugzeug, die Collins X.112 flog 1963 in Cedar City. Mit der X.112 gelingt es Lippisch ein Gerät zu entwickeln, das ab bestimmten Geschwindigkeiten die Nase nicht mehr nach oben zieht. Hieran waren zuvor alle Entwicklungen von Wassergleitern gescheitert. Lippisch löst das Problem bei der X.112 durch ein großes T-Leitwerk, das außerhalb des Bodeneffekt-Bereichs angeordnet ist und Stabilität um die Nickachse gewährleistet.

Collins X.112 Bodeneffekt-Boot um 1963 in Cedar City, USA (101, Collins Radio)

Kurze Zeit später erkrankt Alexander Lippisch an Krebs und verlässt Collins 1964. Lippisch erholt sich wieder von seiner Erkrankung und gründet 1965 in den USA die Lippsich Research Corporation. In seiner eigenen Firma setzt Lippisch die früheren Collins-Arbeiten am Aerodyne und am Bodeneffekt-Fahrzeug fort. In den USA besteht Mitte der sechziger Jahre allerdings wenig Interesse an Bodeneffekt-Fahrzeugen. Collins gibt die Entwicklung nach dem Ausscheiden

Lippischs auf. Seit 1973 befindet sich die X.112 im EAA-Museum in Hale's Corner bei Oshkosh in Wisconsin.

Das deutsche Bundes-Verteidigungs-Ministerium wird 1966 auf die Aerodyne-Entwicklung von Alexander Lippisch aufmerksam. Auf Grund seiner Erkrankung ist Lippisch an einer Rückkehr nach Deutschland interessiert. Für die Weiter-Entwicklung des Aerodyne vergibt das Verteidigungsministerium 1967 einen Auftrag an Dornier in Friedrichshafen. Lippisch wird bei Dornier als Berater eingestellt. Zwischen 1968 und 1971 entsteht bei Dornier der senkrecht startende Aufklärungsflugkörper Dornier E-1, der die Prinzipien des Lippisch Aerodyne beinhaltet. Am 18. September 1972 startet die erste unbemannte Aufklärungsdrohne E-1 zu ihrem ferngesteuerten Erstflug. Trotz des erfolgreichen Erstflugs ist das Verteidigungsministerium an einer Fortführung des Projekts nicht mehr interessiert.

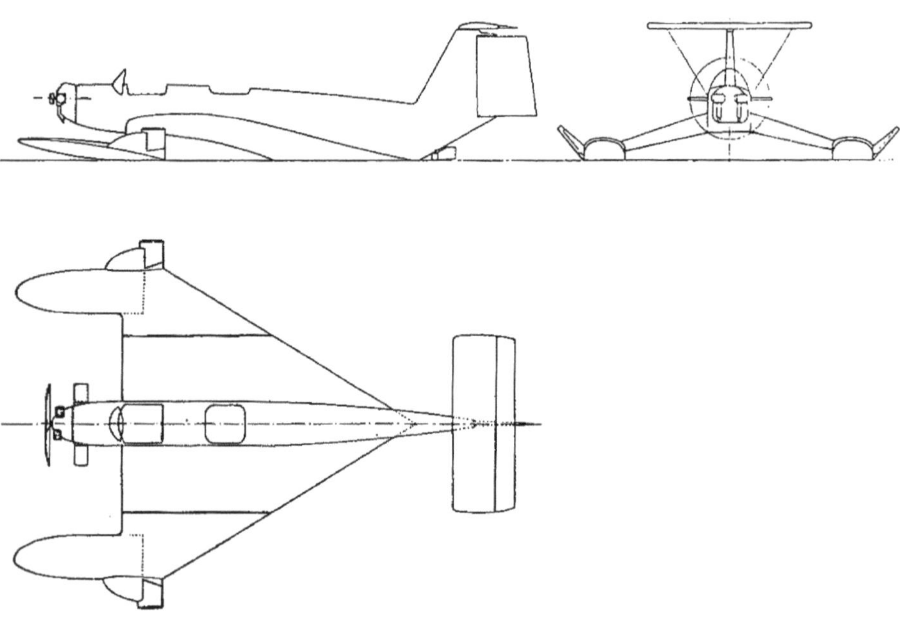

Collins X.112 Bodeneffekt-Boot

Neben der Aerodyne-Technologie findet aber auch die Bodeneffekt-Technologie von Alexander Lippisch von Anfang an das Interesse des Bundes-Verteidigungs-Ministeriums. Lippisch möchte Mitte der sechziger Jahre die Stabilitätsproblematik der Bodeneffekt-Fahrzeuge untersuchen und dabei insbesondere den Einfluss der Abstimmung von horizontalem Stabilizer und Auftriebsflügeln. Zur Fortführung seiner Forschungsarbeiten benötigt Lippisch einen neuen Versuchsträger. Die Holz-Bauweise, insbesondere das leichte Balsa-Holz der X.112, hatte sich in den USA als nicht haltbar erwiesen. Lippisch möchte den neuen Versuchsträger daher in Kunststoff ausführen. Mitte der sechziger Jahre war die Leichtflug Technik Union in Fragen der Kunststofftechnik im Flugzeugbau am weitesten fortgeschritten. Auf Anregung des Bundes-Verteidigungs-Ministeriums kommt daher 1966 ein erster Kontakt zwischen Alexander Lippisch und Hanno Fischer zustande. Hanno Fischers Erfahrungen in der Herstellung von Kunststoffbauteilen aus der LFU-205, sowie der innovative Charakter des noch zur Deilmann-Gruppe gehörenden Rhein-Flugzeugbaus finden das Interesse von Alexander Lippisch.

Lippisch und Fischer entwerfen daraufhin gemeinsam ein amphibisches Bodeneffekt-Fahrzeug in Kunststoffbauweise, das in Seehöhe mit Geschwindigkeiten von 180 km/h bzw. 100 Knoten operieren kann. Das Verteidigungsministerium beauftragt 1967 Rhein-Flugzeugbau mit einer Testreihe kleinerer Flugmodelle, mit denen die Machbarkeit des Entwurfs nachgewiesen werden soll. Parallel zu seiner Beratertätigkeit bei Dornier nimmt Alexander Lippisch einen Beratervertrag für diese Versuchsreihe bei Rhein-Flugzeugbau an.

Im Vorfeld der Testreihe untersucht Hanno Fischer die Aussagefähigkeit freifliegender, ferngesteuerter Modelle insbesondere beim Übergang vom Wasserfahrzeug zum freifliegenden Aggregat beim Abheben aus dem Wasser. Auch die Frage der umgehenden Steuersignal-Übertragung bei schnell fliegenden Modellen, die zur Stabilisierung des Flugmodells erforderlich ist, gehört zu den Grundlagen-Arbeiten. Die von Fischer entwickelte Steuerung wird im November 1974 unter der Patentnummer DE2455687A1 geschützt. Erst nachdem diese grundlegenden Fragen des Modellbaus geklärt sind, beginnen Hanno Fischer und Alexander Lippisch mit dem Bau von Katamaran- und Trimaran-Modellen, die üblicherweise ein Gewicht von etwa 15 kg haben. Spätere Flugmodelle, insbesondere zur Erprobung des X.114 Entwurfs haben bereits eine Spannweite von mehr als drei Metern. Die Versuchsreihe wird am David Taylor Naval Ship Research And Development Center in Maryland durchgeführt. Es zeigt sich, dass das Trimaran-Konzept aus einem Schwimmrumpf und zwei Schwimmern bei ruhigem Wasser einen stabileren Betrieb ermöglichten.

Spätestes Flugmodell X.114 mit Lippisch rechts (203, Sammlung Fischer)

Basierend auf diesen Modellflugversuchen schlagen Fischer und Lippisch 1968 den Bau eines einsitzigen Versuchsträgers vor. Um die Anforderungen einer ausreichend stabilen und haltbaren Struktur für ein Hochgeschwindigkeitsboot und die Gewichtslimitierungen für ein Flugzeug erfüllen zu können, soll eine GFK-Sandwich-Bauweise zum Einsatz kommen. Für die tragenden Teile soll die aus der LFU-205 stammende Schlauchbauweise verwendet werden. Fischer sieht dabei eine Abschottung der Schläuche untereinander vor, um das Boot bei lokalen Beschädigungen unsinkbar auszulegen. Von der Grundform des Flugzeugs sieht Lippisch, wie bei der X.112, einen einflügeligen, umgedrehten Deltaflügel mit geknickten Tragflächen und Schwimmern an den Knickkanten vor. Die Schwimmer bestehen aus Voll-Styropor. Auch der Rumpf als Bootskörper schwimmt im Wasser und ist Teil des Trimaran. Als Motor erhält das einsitzige Flugzeug einen 40 PS Nelson H63-CP, der einen Zugpropeller antreibt. und auf der Oberseite des Rumpfs hinter der Kabine aufgesetzt ist.

Günther Jörg (102)

Als das Bundesverteidigungsministerium 1969 den neuen Versuchsträger mit der Bezeichnung X.113 beauftragt, gehört Rhein-Flugzeugbau als Tochterunternehmen den Vereinigten Flugtechnischen Werken in Bremen. Auch bei VFW beschäftigte man sich mit dem Bodeneffekt. Im Zweigwerk Speyer betreibt Günther Jörg Grundlagen-Forschung. Jörg ergänzt das Team um Alexander Lippisch und Hanno Fischer bei der Entwicklung des Versuchsträgers. Alexander Lippisch wird Leiter der Airfoilboat-Entwicklung. VFW erwirbt die alten Lippisch-Patente von Collins Radio.

Vor Beginn der Entwicklung tragen Lippisch, VFW und RFB ihre jeweiligen Entwicklungs-Beiträge als Patente ein. Lippisch lässt sich im Dezember 1968 unter der Patentnummer DE1813311B1 die Tragflügel-Anordnung für land-, see- und luftgestützte Fahrzeuge schützen. Auf VFW-Seite werden im Mai 1969 Patente für Hanno Fischers Antriebsaggregat für Land-, Luft- und Wasserflugzeuge mit dem Patent DE1923862A1 und für Günther Jörgs „Kraftgetriebenes durch Stauluft getragenes Fahrzeug“ eingetragen. Im August 1970 werden auch die Kunststoffbauweisen einschließlich der verschlossenen Schlauchbauweisen von Hanno Fischer unter der Patentnummer DE2040016A1 geschützt. Die Schwimmer für Bodeneffektfahrzeuge folgen im August 1972 unter der Patentnummer DE2237709A1 für Günther Jörg. VFW scheint die hauseigenen Beiträge der Projektgruppe vor einer Nutzung durch Lippisch zu schützen.

Nachdem Lippisch und Fischer die Auslegung des Geräts abgeschlossen haben, beschäftigen sich Lippisch und Jörg mit der Frage des Testprogramms und der Auswertung der Versuche. Beide kommen im weiteren Verlauf der X.113 Entwicklung zu unterschiedlichen Erkenntnissen. Lippisch verfolgt das Prinzip des einflügeligen, umgedrehten Deltaflüglers während Jörg eine Tandemflügel-Lösung favorisiert, bei der der Rumpf des Fahrzeugs auf zwei hintereinander angeordnete Flügelstummel aufgesetzt wird. Während Lippischs Einflügler den Bodeneffekt-Bereich verlassen und als Flugzeug größere Höhen erreichen kann, ist Jörgs Tandemflügler nur in der Lage sich im Bodeneffekt-Bereich zu bewegen. Die unterschiedlichen Auffassungen von Lippisch und Jörg führen im Verlauf der X.113 Entwicklung immer wieder zu Spannungen im Projekt. Im Oktober 1970 steht die X.113 in Mönchengladbach zum Erstflug bereit. Projektleiter Dietmar Schönfelder lässt die X.113 an den Bodensee zur Flugerprobung bringen. Als militärische Erprobungs-Maschine erhält sie die Erprobungs-Zulassung

D-9568. Ihren Erstflug absolviert die X.113 im Oktober 1970 auf dem Bodensee. Die X.113 gilt offiziell als Bodeneffekt-Flugzeug, während ihr Vorgänger X.112 als Boot klassifiziert wurde. Das Flugzeug erweist sich bei der Erprobung als überaus einfach in der Handhabung. Neue Piloten sind nach kurzer Einweisung problemlos in der Lage das Flugzeug zu fliegen. Der Übergang aus dem Bodeneffekt-Bereich in den Flugzustand erweist sich als unkritisch. Auch die Längsstabilität des Flugzeugs im Bodeneffekt-Bereich ist zufriedenstellend. Insgesamt bestätigt die Erprobung der X.113 die grundsätzlichen Überlegungen zur Auslegung von Bodeneffekt-Fahrzeugen.

RFB X.113 im Flugzustand (104, RFB)

Nach Abschluss der Erprobung wird die X.113 auf der Internationalen Luftfahrt-Ausstellung ILA 1972 in Hannover der Öffentlichkeit vorgestellt und findet dort allgemeine Beachtung des Fachpublikums.

Um weitergehende Erfahrungen bei höherem Seegang zu gewinnen, führt Schönfelder im Herbst 1972 ein erweitertes Testprogramm auf der Weser durch. Hierbei werden Flüge im Bodeneffekt-Bereich in tiefem und flachem Wasser absolviert, ebenso wie Flüge bis zu einer Höhe von 800 Metern. Bei höherem Wellengang zeigen sich Instabilitäten, da die Spannweite der Tragfläche mit der Höhe des Wellengangs korrespondieren muss.

Die X.113 ist für stärkeren Seegang zu klein. Fischer und Lippisch empfehlen dem Bundesverteidigungs-Ministerium daher den Bau eines größeren Flugboots. Günther Jörg hatte sich inzwischen aus der X.113 Erprobung zurückgezogen. Er verfolgt später seine Tandem-Bauweise für Bodeneffekt-Boote und setzte diese in einigen erfolgreichen Entwürfen um.

Im Mai 1973 wird die X.113 nochmals als Technologieträger beim Aero Salon in Paris auf dem VFW-Stand präsentiert. Die Erprobung des Versuchsträgers ist zu dieser Zeit bereits abgeschlossen. Weitere Untersuchungen können mit dem kleinen Flugboot nicht mehr sinnvoll durchgeführt werden. Die X.113 wird daher nach der Ausstellung stillgelegt und eingelagert. Später gelangt das Flugboot zu Flightship in Cairns, Australien. Heute befindet es sich in der School of Engineering of Ngee Ann Polytechnic in Singapur.

RFB X.113 Erprobung auf dem Bodensee (103, RFB)

Aus der Entwicklung und Erprobung der X.113 entstehen eine Reihe von Patenten. Die Erkenntnisse aus dem Modellbau lässt Hanno Fischer im November 1974 mit dem Patent DE2455687A1 zur schnellen Richtungsänderung von unbemannten, stark beschleunigenden, ferngesteuerten Fluggeräten eintragen. Der Projektleiter der X.113-Erprobung, Dietmar Schönfelder erhält im August 1974 unter der Patentnummer DE2438307A1 ein Patent für die Tragflügelausbildung an Stauflügel-Fahrzeugen. Günther Jörg lässt sich aus der X.113 Entwicklung im August 1972 unter der Patentnummer DE2237709A1 einen Schwimmer für Bodeneffektfahrzeuge patentieren. Im Dezember 1974 erhält er das Patent für Tandem-Stauflügelfahrzeuge unter der Patentnummer DE2460118A1, die er später weiterentwickelt.

CLST ESKA-1

(Sowjetischer X.113 Nachbau)

In der Sowjetunion scheint die X.113, trotz der dort bereits in Gorki erreichten Fortschritte beim geheimen Bau von großen Ekranoplanen unter Rostislaw Aleksejew, besonderes Interesse geweckt zu haben. Das Zentrallabor für Lebens-Rettungs-Technologie CLST beschäftigt sich ab 1971 unter der Leitung von J. Gorbenko mit dem Design der X.113 und baut dieses als ESKA-1 (Ekranolyetny Spasatyelny Kater-Amphibya) nach. Der Erstflug findet im August 1973 statt. Das Boot entspricht in allen Auslegungsmerkmalen einer 1:1 Kopie des X.113. Im Gegensatz zu den großen Ekranoplanen, die in der Sowjetunion höchster Geheimhaltung unterliegen, wird über das ESKA-1 auch in sowjetischen Medien berichtet. Im Mittelpunkt steht der Einsatz als Seenot-Rettungsflugboot. Ob die ESKA-1 als Zweisitzer tatsächlich für Seenot-Aufgaben geeignet gewesen wäre, kann man dahingestellt sein lassen. Zumindest hat sich die Sowjetunion mit diesem Boot einen Überblick über den Stand der Bodeneffekt-Forschung im Westen verschafft. Die öffentliche Präsentation der ESKA-1 Entwicklung in der Sowjetunion mag auch ein Ablenkungsmanöver des russischen Geheimdienstes von den Ekranoplanen gewesen sein.

Bavar 2

(Iranischer X.113 Nachbau)

Iranischer Bavar 2 (106, © Iranian Defense Ministry)

Im September 2010 veröffentlicht die iranische Marine Informationen über ein Bodeneffekt-Boot unter der Bezeichnung Bavar 2, das im Iran gebaut wurde. Die Bavar 2 basiert auf der sowjetischen ESKA-1 und somit auf der X.113 von Lippisch. Die iranische Marine setzt die mit Raketen bestückte, radarunsichtbare Bavar 2 als Aufklärungsboot im arabischen Golf ein. Vermutlich reicht die Entwicklung auf das Jahr 2005 zurück. Ein Prototyp wurde bereits im April 2006 bei Versuchen im persischen Golf gesichtet. Bis 2010 hat der Iran eine Serienfertigung für die Bavar 2 aufgebaut, aus der bislang mindestens 12 Boote entstanden sind. Die zweisitzigen Boote sollen bis zu 100 km/h Reisegeschwindigkeit erreichen.

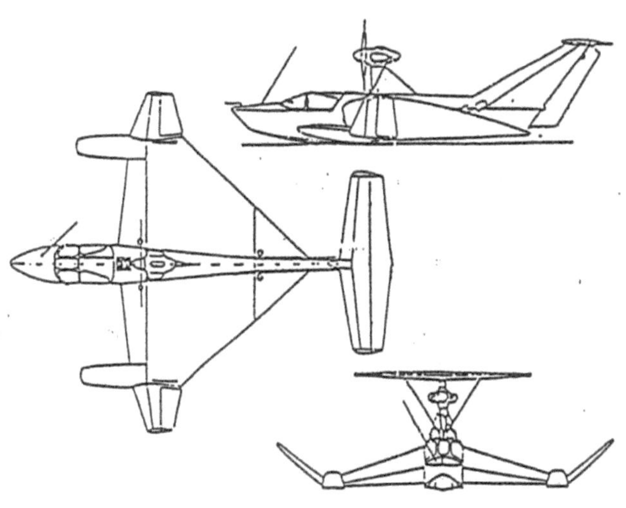

General Arrangement of ESKA-1 [15]

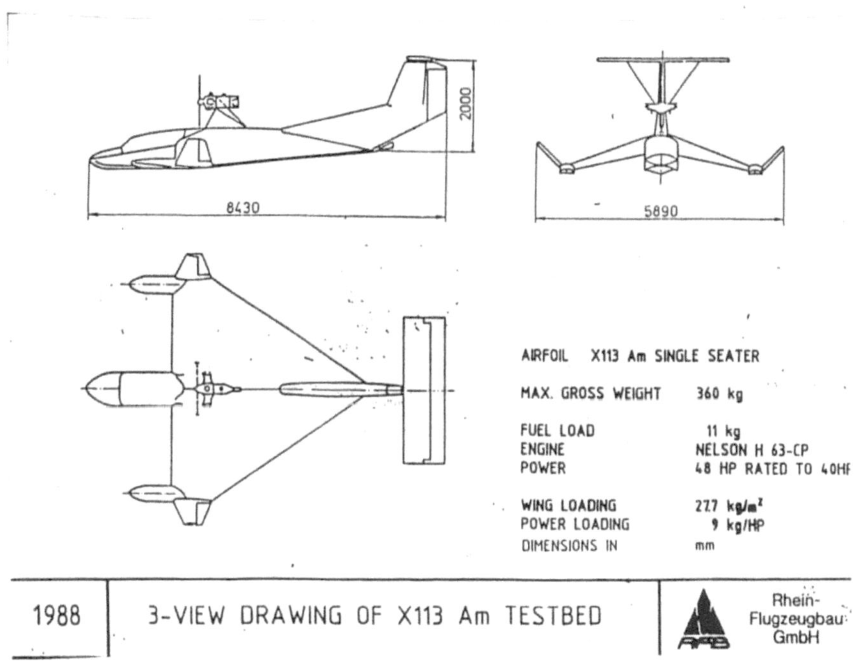

Das Bundesverteidigungsministerium ist von der grundsätzlichen Eignung der Bodeneffekt-Fahrzeuge durch die Ergebnisse der X.113 Erprobung überzeugt. Insbesondere bei der küstennahen Seeaufklärung und U-Boot-Ortung können Bodeneffektflugzeuge nach Meinung des Ministeriums künftig interessant sein. Alexander Lippisch und Hanno Fischer legen dem Verteidigungsministerium 1974 verschiedene Entwürfe für größere Flugboote vor. Eines davon ist ein 300 Tonnen schweres Bodeneffekt-Gerät für Transportaufgaben. Durch den geringen Treibstoffverbrauch im Bodeneffekt-Bereich können alle Entwürfe bis zu 20 Stunden ohne Unterbrechung im Einsatz bleiben und haben einen Aktionsradius von 2000 km. Hier zeigt sich die Überlegenheit der Bodeneffekt-Geräte in bestimmten Anwendungsbereichen. Flugzeuge müssen wesentlich früher ihren Einsatz zur Betankung abbrechen. Schiffe wiederum verfügen nicht über den Aktionsradius in kurzer Zeit.

Im Februar 1975 erteilt das Bundes-Verteidigungs-Ministerium den Auftrag zum Bau eines größeren Versuchsträgers unter der Bezeichnung X.114. Mit ihm sollen die Leistungsdaten bezüglich Reichweite und Flugdauer praktisch nachgewiesen werden. Die X.114 bietet Platz für sechs Personen oder aber entsprechende Nutzlast, z.B. Ausrüstung zur Seeaufklärung. Außerdem soll mit dem größeren Boot die Einsatzerprobung bei höherem Wellengang erfolgen.

Nach dem Lippisch-Prinzip hat die X.114 einen umgekehrten Deltaflügel. Im Gegensatz zum Trimaran X.113 ist die X.114 allerdings ein Katamaran. Auch die geschlossene Schlauchbauweise beim Aufbau des GFK-Rumpfs und Flügels kommt wieder zum Einsatz. Das sechssitzige Flugzeug ist fast doppelt so groß wie seine beiden Vorgänger und wird von einem 200 PS Lycoming 10-360 Motor und der aus dem SG85 bekannten Mantelschraube betrieben. Außerdem erhält die X.114 ein einfahrbares Fahrwerk, um sowohl von See als auch von Land operieren zu können. Neu ist ein variabler Schwimmer, den sich Hanno Fischer mit dem Patent DE2508205A1 im Februar 1975 patentieren lässt. Im September 1975 folgt das Patent DE2540847A1 mit dem Fischer die Umleitung von Schubluft unter den Stauflügel patentiert. Im Oktober 1975 folgt mit Patent DE2547945A1 der flexible, leichte Flügel für Stauflügel-Fahrzeuge und im Juni 1976 das Patent DE2627389A1 der Flap Controls für Stauflügelfahrzeuge. Die Menge dieser Patente zeigt den Innovationsgrad der Entwicklung. Wie bei der X.113 werden die neuen Technologien 1975 zuerst in einem ferngesteuerten Flugmodell der X.114 erprobt. Der Bau des Versuchsträgers beginnt 1976.

Kurz nach Baubeginn der X.114 erleidet das Projekt und die gesamte Bodeneffekt-Forschungen einen Rückschlag durch den Tod von Alexander Lippisch. Er verstirbt am 11. Februar 1976 an seinem Wohnort in den USA in Cedar Rapids. Er zeichnete sich zeitlebens durch unkonventionelle, innovative Flugzeug-Entwürfe aus, von denen die X.114 sein letztes Design war. Nach zehnjähriger Zusammenarbeit führt Hanno Fischer die Idee des Bodeneffekt-Geräts nun alleine fort. Volkmar Wilckens übernimmt innerhalb des X.114 Projekts die Rolle des wissenschaftlichen Leiters für das spätere Erprobungsprogramm.

Bau des X.114 Versuchsträgers bei RFB in Mönchengladbach um 1978 (107, RFB)

Im April 1977 steht die X.114 nach zweijähriger Entwicklungszeit zum Erstflug bereit. Volkmar Wilckens startet am 15. April 1977 zum Erstflug. Bei den Testflügen werden die Steuerungs-Mechanismen, die Stabilität und die Manövrierbarkeit getestet. Wilckens entwickelt ein Messgerät zur Echtzeit-Bestimmung der exakten Höhe und Länge der Wellen, das im Bodeneffekt-Bereich auf die Steuerung aufgeschaltet wird. Insgesamt führt Wilckens 25 Flüge mit einer Gesamtdauer von 7,5 Stunden durch. Zur See-Erprobung wird die X.114 zur Erprobungsstelle 71 der Bundeswehr in Eckernförde an der Ostsee überführt. Die X.114 kann Wellen bis 1,5 Metern Höhe überfliegen.

Rollout des RFB X.114 in Mönchengladbach im April 1977 (108, RFB)

X.114 Flugerprobung auf dem Bodensee (109, RFB)

Hochsee-Erprobung des X.114 Versuchsträgers auf der Ostsee (110, RFB)

Während des Reisebetriebs im Bodeneffekt-Bereich zeigt die X.114 ein sehr stabiles Betriebsverhalten. Für Starts und Landungen bei Seegang war die X.114 mit langen, geteilten Schwimmern ausgestattet, deren Unterseite federnd aufgehängt sind. Diese Schwimmer beeinflussen allerdings die Längsstabilität, den Luftwiderstand und die Manövrierbarkeit im Wasser negativ. Auch der horizontale Stabilizer muss vergrößert werden und wirkt sich auf die Flugleistung der X.114 negativ aus. Um diese Negativeffekte zu beseitigen, erhält die X.114 einziehbare Hydrofoils. Nach dieser Umrüstung wird die Bezeichnung X.114H für das Staufügel-Fahrzeug eingeführt. Diese Hydrofoils sollen gleichzeitig die Zelle gegen unbeabsichtigten Kontakt mit der Wasseroberfläche während des Flugs im Bodeneffekt-Bereich schützen. Nach Einbau der Hydrofoils wird das Testprogramm in Hinblick auf Wasserberührungen erweitert. Sowohl symmetrische als auch asymmetrische Berührungen bei Geschwindigkeiten im Bodeneffekt-Bereich von unter 80 Knoten verlaufen positiv. Bei einem der Versuche oberhalb 80 Knoten unterschnitt einer der Hydrofoils die Wasseroberfläche und reißt das Flugzeug herunter. Die X.114 erleidet bei diesem Versuch einen Totalschaden. Zumindest die Unsinkbarkeit infolge der abgeschotteten Schlauchbauweise konnte bei diesem Unfall selbst im Fall größerer Beschädigungen nachgewiesen werden. Durch den Ausfall des X.114 Versuchsträgers muss die weitere See-Erprobung 1978 eingestellt werden. Wie der Unfall belegt, stellen Hydrofoils eine gute Unterstützung bei Start und Landung dar, beim Reiseflug im Bodeneffekt-Bereich müssen sie allerdings eingefahren sein.

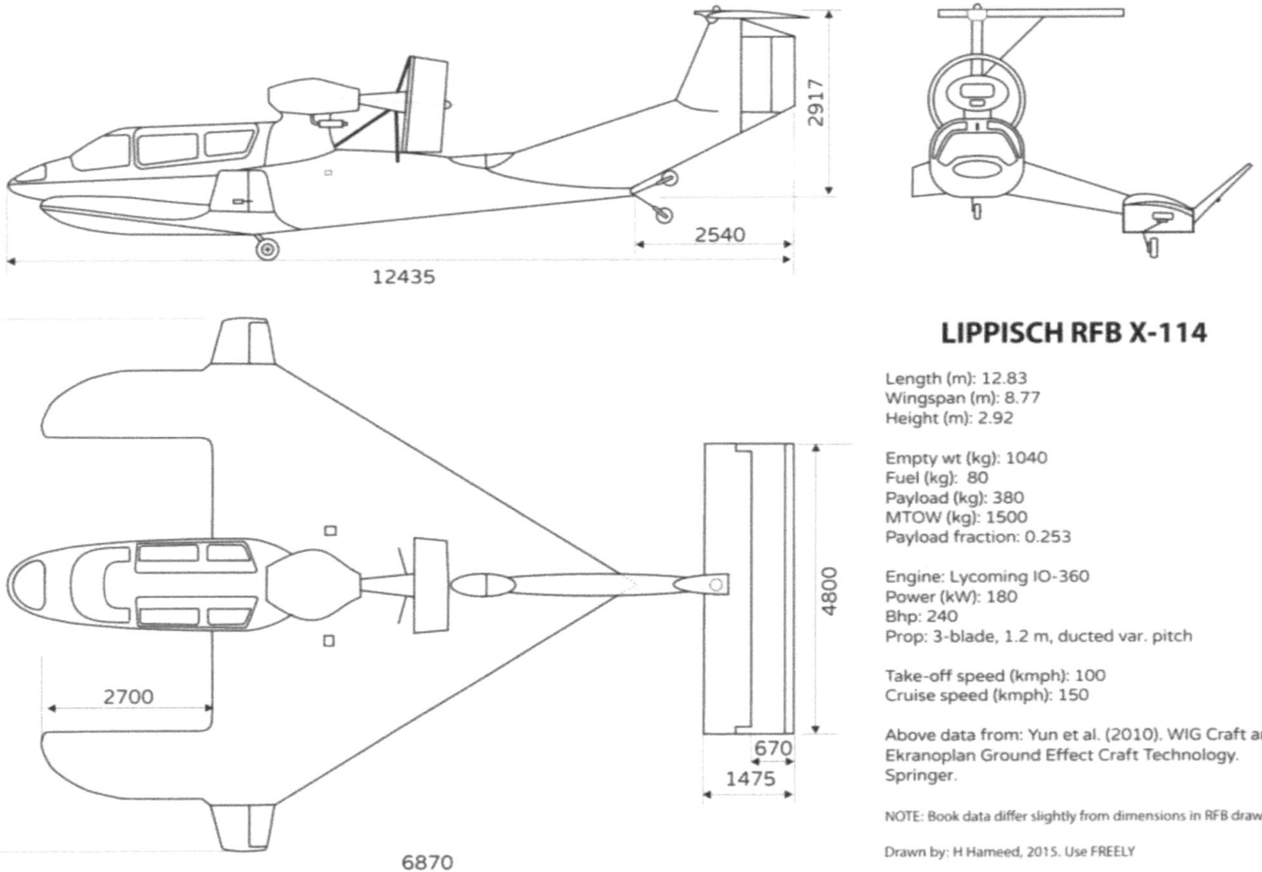

LIPPISCH RFB X-114

Length (m): 12.83
Wingspan (m): 8.77
Height (m): 2.92

Empty wt (kg): 1040
Fuel (kg): 80
Payload (kg): 380
MTOW (kg): 1500
Payload fraction: 0.253

Engine: Lycoming IO-360
Power (kW): 180
Bhp: 240
Prop: 3-blade, 1.2 m, ducted var. pitch

Take-off speed (kmph): 100
Cruise speed (kmph): 150

Above data from: Yun et al. (2010). WIG Craft and Ekranoplan Ground Effect Craft Technology. Springer.

NOTE: Book data differ slightly from dimensions in RFB drawing.

Drawn by: H Hameed, 2015. Use FREELY

Nach Ausfall der X.114 legt Hanno Fischer den Entwurf eines Ersatz-Erprobungsträgers unter der Bezeichnung RFB-215 vor. Die Abmäße und das Triebwerk werden von der X.114 übernommen. Mit 1530 kg Startgewicht ist die RFB 215 annähernd so schwer wie die X.114, ermöglicht aber eine Zuladung von 540 kg Nutzlast. Im Bodeneffekt-Bereich erreicht die RFB-215 bis zu 80 Knoten, im Flug bis zu 115 Knoten. Die maximale Reichweite liegt bei 1460 Seemeilen.

RFB-215 Versuchsträger Modell (112, RFB Brochüre)

Ende der siebziger Jahre beschäftigt man sich im Bundesverteidigungsministerium bereits mit anderen land- und seegestützten Überwachungs-Systeme. Obwohl sich die Vorteile der Staufügel-Fahrzeuge bei den X.114 Versuchen klar bestätigt hatten und die X.114 auf Grund ihrer ruhigen Fluglage im Bodeneffekt-Bereich als optimaler Waffenträger eingestuft wurde, zeigt das Bundes-Verteidigungsministerium kein Interesse an einer Neuauflage der X.114.

Hanno Fischer entwirft noch verschiedene andere Anwendungs-Szenarien für zivile Nutzer. Hierzu gehört der Einsatz als Fahrzeug für die Wasserschutzpolizei oder für den Zoll. Der RFB-215 Entwurf scheint Behörden in Kanada und Südostasien vorgestellt worden zu sein. Die RFB-215 findet aber keinen Interessenten mehr.

RFB SSF-I

Ein letzter Stauflügel-Entwurf bei Rhein-Flugzeugbau ist der SSF-I. Hierbei handelt es sich um eine nochmals deutlich vergrößerte Version gegenüber der X.114. Bei einem Startgewicht von 10 Tonnen soll die SSF-I eine Nutzlast von 3,6 Tonnen aufnehmen können. Als Antrieb kommen zwei 550PS starke P&W PT-6 Motore zum Einsatz. Bei einer Geschwindigkeit von 100 Knoten beträgt die Reichweite knapp 500 Seemeilen.

Mit diesem deutlich größeren Entwurf zielt Fischer auf Anwendungsbereiche im Fähr- und Frachtdienst ab. In der Fährversion hätte die SSF-I bis zu 30 Passagieren Platz geboten. Der Entwicklungsaufwand für ein solches Stauflügel-Fahrzeug ist für Rhein-Flugzeugbau und seinen in wirtschaftlichen Problemen steckenden Mutterkonzern VFW Ende der siebziger Jahre zu hoch.

RFB X.117

Einen kleineren Entwurf, der an der RFB-215 orientiert ist, stellt die X.117 dar. Er entstand bereits zu Zeiten Alexander Lippischs und war als Taxiflugzeug für 4-5 Personen gedacht.

Nach der Übernahme der Vereinigten Flugtechnischen Werke durch den Konkurrent Messerschmitt-Bölkow-Blohm im Jahr 1981 werden aber die Aktivitäten im Bereich Bodeneffekt-Fahrzeuge bei Rhein-Flugzeugbau vollständig eingestellt. MBB verfolgte zu dieser Zeit bereits die von Jörg favorisierte Tandem-Flügeltechnik im eigenen Konzern und hatte an der Lippisch'n Deltaflügeltechnik kein Interesse.

Hanno Fischer und sein Mitarbeiter Klaus Matjasic führen die Arbeiten an Lippischs Stauflügel-Fahrzeugen außerhalb des Rhein-Flugzeugbaus zunächst auf privater Basis, später innerhalb des Ingenieurbüros Fischer Flugmechanik fort.

Überblick RFB Stauflügel-Fahrzeuge

	Collins X.112	RFB X.113	CLST ESKA-1	RFB X.114	RFB 215	SSF-I
Besatzung	1-2	1	2	1 + 5	1+5	
Länge	7,62 m	8,43 m	7,80 m	12,83 m	12,80 m	22,00 m
Spannweite ohne / mit Hydrofoil	4,27 m	4,68 m 5,89 m	6,90 m	7,00 m 8,77 m	7,00 m	12,40 m
Flügelfläche	10,00 m²	13,00 m²	13,90 m²	29,10 m²	29,10 m²	100,00 m²
Höhe	m	2,40 m	2,50 m	2,92 m	2,90 m	6,50 m
Leermasse	168 kg	250 kg	234 kg	1040 kg	840 kg	5500 kg
Max. Startmasse	322 kg	360 kg	450 kg	1500 kg	1530 kg	10000 kg
Höchst-geschwindigkeit	124 km/h	140 km/h	140 km/h	150 km/h	150 km/h Boden 213 km/h Flug	100 kn Boden 135 kn Flug
Gipfelhöhe	m	800 m	0,3-1,5m			
Reichweite	Km		350 km	2000 km	2350 km	800 km
Triebwerk	1 x 19 kW	1 x Nelson H63-CP mit 40 PS	1 x M63 mit 63 PS	1 x Lyco-ming IO-360 mit 200 PS	1 x Lyco-ming IO-360 mit 260 PS	2 x PT-6 mit 550 PS

Ende der siebziger Jahre kann Hanno Fischer mit dem Sirius, dem Fanliner und Fantrainer, sowie den Lippischen Staufügelbooten auf eine erfolgreiche und konsequent betriebene Entwicklungslinie zurückblicken. Rhein-Flugzeugbau zählt weltweit zu den anerkannten und erfahrensten Luftfahrt-Betrieben im Bereich Kunststoffbau. Auf den internationalen Luftfahrtmessen finden die RFB-Flugzeuge grundsätzlich die Beachtung des breiten Fachpublikums.

Die vielfältigen Krisen des Mutterkonzerns VFW beeinträchtigen Hanno Fischer in den siebziger Jahre kaum, zumal der VFW-Beirat die innovativen Entwicklungen in Mönchengladbach unterstützt. Schon seit 1974 schwellt innerhalb des VFW-Fokker Konzerns der Konflikt zwischen den beiden Eigentümergruppen VFW und Fokker, in dem die Holländer versuchen, den Bremer Einfluss auf den Konzern zu unterbinden. Nachdem der Anteil der Rüstungssparte in den VFW-Werken auf unter 50% gesunken ist und die von den Holländern wahrzunehmenden Vertriebs-Aktivitäten der neuen VFW-614 erfolglos bleiben, verschärft sich die wirtschaftliche Situation von VFW bis 1978 drastisch. Die Bundesregierung zeigt an einer Subventionierung des Konzerns kein Interesse und schlägt stattdessen eine Fusion der Vereinigten Flugtechnischen Werke mit der Messerschmitt-Bölkow-Blohm GmbH vor. Zur gleichen Zeit fallen bei Rhein-Flugzeugbau die Fördermittel für die Bodeneffekt-Fahrzeug-Entwicklung weg und das Beschaffungsprogramm der Luftwaffe für den Fantrainer wird unerwartet ausgesetzt. Dadurch verschärft sich der wirtschaftliche Handlungsdruck bei den Vereinigten Flugtechnischen Werken zusätzlich.

Im Februar 1980 erfolgt zunächst die Auflösung des intern zerstrittenen VFW-Fokker Konzerns. Kurze Zeit später beginnen die Fusionsverhandlungen zwischen den Anteilseignern von VFW und MBB. Sie enden 1981 mit der Komplettübernahme der VFW-Anteile durch Messerschmitt-Bölkow-Blohm. MBB integriert daraufhin sämtliche ehemaligen VFW-Standorte in sein Netzwerk. Der Name „Vereinigte Flugtechnische Werke“ verschwindet komplett. Lediglich die ehemalige VFW-Tochter Rhein-Flugzeugbau bleibt als eigenständiges Unternehmen zu 100% im Besitz von Messerschmitt-Bölkow-Blohm bestehen. Allerdings müssen die beiden RFB-Tochterunternehmen Sportavia in Dahlem und die Elektro-Mechanische Fluggerätebau in Hamburg aufgelöst und in den RFB als eigenständige Geschäftsfelder überführt werden. Der RFB-Geschäftsführer Wolfgang Kutscher bleibt weiterhin im Amt, allerdings kommt Alfred Schneider als weiterer Geschäftsführer hinzu. Schneider war zuvor bei

Alfred Schneider (113, RFB)

der VFW-Tochter Entwicklungsring Süd in München tätig, die durch den Zusammenschluss mit MBB 1981 aufgelöst wird. Innerhalb des MBB-Konzerns wird Rhein-Flugzeugbau dem militärischen Geschäftsbereich von Friedrich zugeordnet. Anders als bei VFW konzentriert sich MBB auf die betriebswirtschaftliche Führung des Tochterunternehmens nicht die entwicklungstechnische.

MBB versteht sich Anfang der achtziger Jahre als Raumfahrt- und Rüstungskonzern. Der zivile Verkehrsflugzeugbau ist komplett in die Deutschen Airbus GmbH übertragen worden. Den Privatflugzeugbau hatte MBB Anfang der siebziger Jahre abgestoßen. Die angeschlagene Sportflugzeugfertigung Sportavia auf der Dahlemer Binz wird kurz nach der Übernahme eingestellt. Der Standort bleibt als Herstellungsbetrieb für Flugzeugbauteile erhalten. Auch die Weiterentwicklung des zivilen Fanliners bei RFB wird von MBB nicht unterstützt. Selbst Anfragen zur Lizenzfertigung des Fanliners in Nordamerika werden von MBB nicht weiter verfolgt. Die Lippischen Stauflügelprojekte bei RFB werden von MBB nicht weiter unterstützt. Nach Wegfall der Fördermittel aus dem Bundesverteidigungsministerium gibt es keinen erneuten Anlauf, diese Entwicklung fortzuführen.

Nach der Übernahme in den MBB-Konzern werden die RFB-Aktivitäten weitgehend auf den militärischen Bereich mit Wartung und Instandsetzung, sowie Zieldarstellungsflügen und auf die Vermarktung des militärischen Fantrainers fokussiert. Auch die Herstellung und Wartung der Schleudersitze für den Alphajet gehört dazu. Die Teilefertigung für Airbus und die zivile Flugzeugwartung bleiben die zivilen Geschäftsfelder von Rhein-Flugzeugbau.

Hanno Fischer übernimmt in den achtziger Jahren bei RFB Entwicklungs-Arbeiten für den MBB-Konzern, wie z.B. eine Vorrichtung zur Helikopterbekämpfung im Jahr 1985. Auch für die Zieldarstellung in Lübeck werden verschiedene Schleppziele und Drohnen bis Ende der achtziger Jahre entwickelt. Mit Klaus Matjasic arbeitet Hanno Fischer 1989 noch an Verfahren zur Beschußwarnung von Luft-, See- und Landfahrzeugen und zur Abstandsmessung vorbeifliegender Geschosse. Grundlagentechnisch widmet sich Fischer vor allem der Lärmminderung des Mantelschrauben-Antriebs.

Mitte der achtziger Jahre greift Hanno Fischer noch einmal das Lärmproblem des Mantelschraubenantriebs beim Fanliner und Fantrainer auf. Zunächst beschäftigt sich Fischer mit der Anordnung der Propeller, mit den Möglichkeiten eingehüllter Propeller bzw. des Fans und der Belastung der Blätter. Fischer entwickelt eine Mantelkonstruktion mit lärmabsorbierenden Wänden, die so am Flugzeug angeordnet wird, dass die Tragflächen als Lärmschutzwand nach unten fungiert Die Ergebnisse legt Fischer im Februar 1986 in seinem Patent DE3605086A1 vor. Im Weiteren untersucht Fischer verschiedene Konfigurationen langsam laufender Propeller und kommt schließlich zum Entwurf des sogenannten Türkensäbel-Fans bei dem das Luftschraubenblatt in Form eines Türkensäbels gebogen war, bei denen vor allem die Blattspitzen mit niedriger Geschwindigkeit bewegt werden. Diese Luftschraube patentiert Hanno Fischer zusammen mit Karl-Heinz Gronau im Januar 1988. Das Prinzip des Türkensäbels wird später auch von den großen Triebwerksherstellern Rolls Royce und Pratt & Whitney genutzt. In einem Patentrechtsstreit der beiden Hersteller nutzt Pratt & Whitney später das Fischer-Gronau-Patent als Nachweis für ein zu Unrecht erteiltes Rolls Royce Patent auf diese Blattform. Als Ergebnis seiner Überlegungen beschreibt Fischer das künftige, lärmgeminderte Mantelschraubensystem mit fünf Blättern, von denen vier als Türkensäbel ausgeführt sind und bezeichnet dieses System als Whisper-Fan.

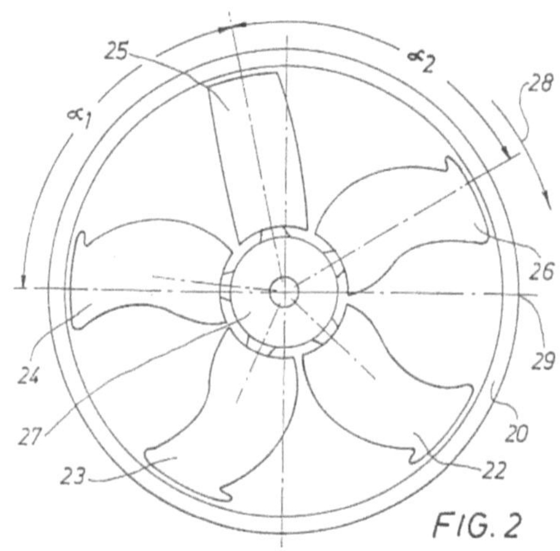

Türkensäbel-Fan von Hanno Fischer (114, Fischer Patent DE3801353)

Da bei Rhein-Flugzeugbau Ende der achtziger Jahre keine Mittel für eine Erprobung des Whisper-Fan zur Verfügung stehen, führt Hanno Fischer den praktischen Nachweis auf eigene Kosten in seinem Ingenieurbüro Fischer Flugmechanik durch. Als Versuchsträger dient der alte RW-3 Prototyp D-EKUM, den Fscher bereits in den sechziger Jahren von RFB zurückgekauft hatte. Das Flugzeug er-

RW-3M als Experimentalträger
für zwei Fan-Schrauben (115, Fischer Flugmechanik)

hält einen noch vorhandenen Wankelmotor KM871, der 1978 bei der AWI-2 gegen eine Allison-Turbine getauscht worden war. Fischer lässt zwei Whisper-Fans bauen, die rechts und links des Rumpfhecks angeordnet werden. Mit der modifizierten RW-3M führt Hanno Fischer Anfang der neunziger Jahre das Lärmerprobungsprogramm in Mönchengladbach durch. Trotz Verdoppelung der Motorleistung bei der RW-3M gegenüber dem ursprünglichen Porsche 678 Motor gelingt mit dem Whisper-Fan anstelle der Spalt-Luftschraube eine Lärmreduzierung von 74 dBA auf 62 dBA.

Hanno Fischer hatte Rhein-Flugzeugbau inzwischen altersbedingt verlassen. Durch den Verkauf von Rhein-Flugzeugbau und die nachfolgende Neuausrichtung des Unternehmens wurde die Entwicklung des Whisper-Fans bei RFB zunächst nicht weiterverfolgt. Daher übernimmt Hanno Fischer bei Fischer Flugmechanik den Entwurf eines Flugzeugs mit Whisper-Fan Antrieb. Unter der Bezeichnung FF Whisper-Fan 6 entsteht der Entwurf eines sechssitzigen Geschäftsreiseflugzeugs, wie ihn Fischer zuletzt mit dem Fanstar als vergrößerten Fanliner angestrebt hatte. Einige Entwurfsmerkmale scheinen auch aus dem RF-1 Entwurf übernommen worden zu sein, wie z.B. die große über die gesamte Kabinenlänge nach oben und unten aufklappbare Kabinentür.

Erstmals verwendet Hanno Fischer beim Whisper-Fan 6 einen Canard-Flügel. Fischer kombiniert die Vorteile des Entenflüglers im Flug mit den besseren Eigenschaften konventioneller Bauweisen bei Start und Landung. Strukturell entspricht der Whisper-Fan 6 seinen Vorgängern in der Fanliner- und Fantrainer-Linie mit einer tragenden Metallstruktur und Verkleidungen und Steuerflächen in GFK-Bauweise. Das Heck besteht aus einer Metallschale. Das Antriebskonzept sieht verschiedene Motorisierungsoptionen mit einem oder zwei Motoren vor, die hinter der Kabine angeordnet sind und die beiden Whisper-Fans über ein Koppelgetriebe antreiben. Das Fahrwerk ist als starres, nicht einziehbare Konstruktion vorgesehen. Bei einer Reisegeschwindigkeit von 320 km/h und voller Zuladung von 830 kg beträgt die Reichweite des Whisper-Fan etwa 1400 km bei einer Motorisierung mit zwei 210 PS starken Lycoming IO-360.

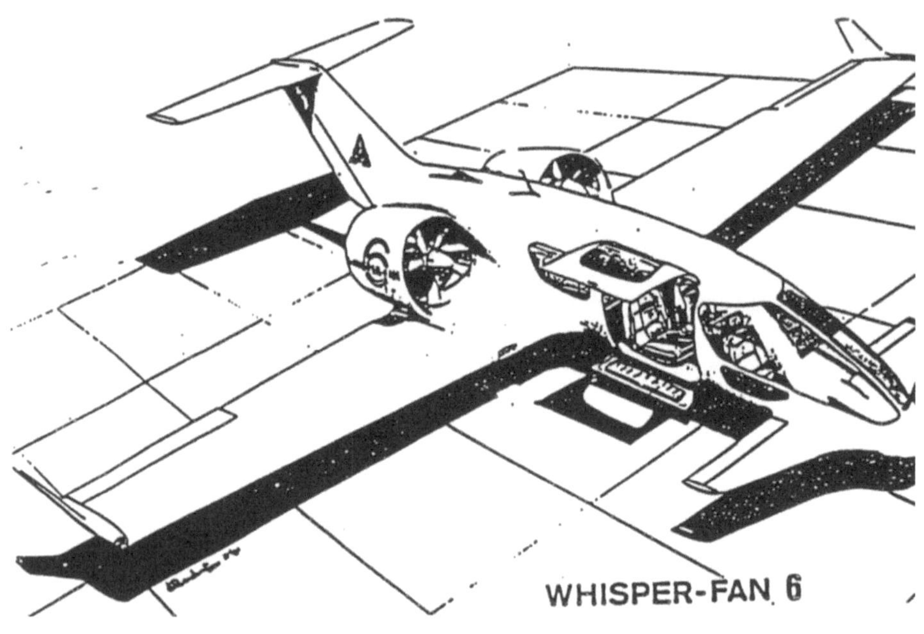

FF Whisper-Fan 6 und RFB FL-5 (116, Fischer Flugmechanik)

Der Whisper-Fan 6 Entwurf ist die Endstufe einer vierzigjährigen, technologischen Entwicklung, in die sämtliche bis dahin von Hanno Fischer gewonnenen Erkenntnisse seit der FiBo 2 im Jahr 1953 bis zum Anfang der neunziger Jahre eingeflossen sind. Der Bau eines Prototypen und den Aufbau einer Serienfertigung will Hanno Fischer über Lärmschutz-Fördermittel finanzieren. Die Umsetzung soll im Rahmen einer Fertigungslizenz bei Rhein-Flugzeugbau erfolgen, wo der Whisper-Fan 6 als Fanliner FL-5 vermarktet werden soll. Christoph Fischer, der bei RFB inzwischen die Nachfolge von Hanno Fischer als technischer Leiter angetreten hat, übernimmt den Entwurf von Fischer Flugmechanik. Nach dem Verkauf von Rhein-Flugzeugbau an ABS International und dem Wegfall der militärischen Instandhaltungsaufträge stehen bei RFB aber keine Mittel für das Projekt zur Verfügung. Noch bevor die notwendigen Fördermittel beantragt werden, wird der Entwurf des Fanliner FL-5 bei Rhein-Flugzeugbau aufgegeben.

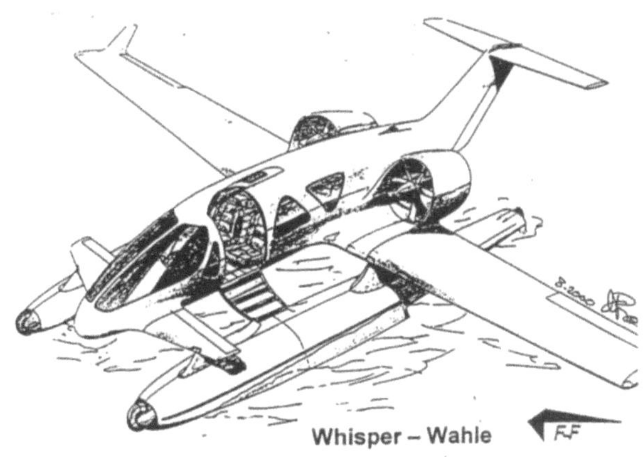

Fischer Flugmechanik Whisper-Whale um 2000
(117, Fischer Flugmechanik)

Nach der gescheiterten Übernahme des Entwurfs durch Rhein-Flugzeugbau setzt Hanno Fischer die Entwicklung des Whisper-Fan 6 bei Fischer Flugmechanik fort. Neben dem landbasierten Whisper-Fan 6 entwirft Fischer in den neunziger Jahren das Wasserflugzeug Whisper-Whale 6. Er unterscheidet sich vom Whisper-Fan durch zwei Schwimmer, die am Flügel und am Canard befestigt sind. Sie erhöhen das Leergewicht um 300 kg bei gleichbleibender Nutzlast. Reise-Geschwindigkeit und Reichweite der Whale liegen allerdings 30% unter denen der Landversion. Für den Bau, die Erprobung und Zulassung des Prototypen rechnet Hanno Fischer im August 2003 mit etwa 6,5 Millionen Euro. Weitere 7 Millionen Euro soll der Aufbau der Serienproduktion einschließlich fünf Nullserien-Flugzeuge kosten. Bei einem Verkaufspreis von 700.000 Euro liegt der Breakeven bei 72 verkauften Flugzeugen.

Mit dem Geschäftsführer des Flughafens Brandenburg-Briest John Schwanenberg bemüht sich Hanno Fischer um Fördermittel des Landes Brandenburg für den Aufbau einer Produktions-Einrichtung für den Whisper-Whale in Brandenburg-Briest. Airfoil Development, die in Briest zur gleichen Zeit den Aufbau einer Hoverwing-Produktion anstrebt, soll das neu zu gründende Unternehmen beim Aufbau unterstützen. Das Vorhaben scheitert letztlich am politischen Widerstand aus der Region. Der Flughafen wird 2009 geschlossen.

Nach dem Scheitern des Produktions-Aufbaus für den Whipser-Fan und Whisper-Whale in Deutschland orientiert sich Hanno Fischer nach Asien und verhandelt in China über einen Lizenzbau. Aber auch in Deutschland bestehen noch Perspektiven für eine Produktions-Aufnahme beispielsweise in Verbindung mit Fanjet Aviation.

FF / RFB	RFB FL-5	FF Whisper Fan 6	FF Whisper Whale 6
Besatzung	6	6	6
Länge		9,00 m	9,00 m
Spannweite		12,00 m	12,00 m
Flügelfläche Canard		17,80 m² 0,61 m²	17,80 m² 0,61 m²
Höhe		2,62 m	2,62 m
Leermasse		1309 kg	1609 kg
Max. Startmasse		2140 kg	2477 kg
Höchstgeschwindigkeit		318 km/h	241 km/h
Gipfelhöhe		5700 m	5000 m
Reichweite		2304 km	1500 km
Triebwerk		2x210PS Lycoming IO-360 2x200PS Mazda Wankel 1x425PS Lycoming TIGO-541E 1x375PS Continental GTSIO-520	

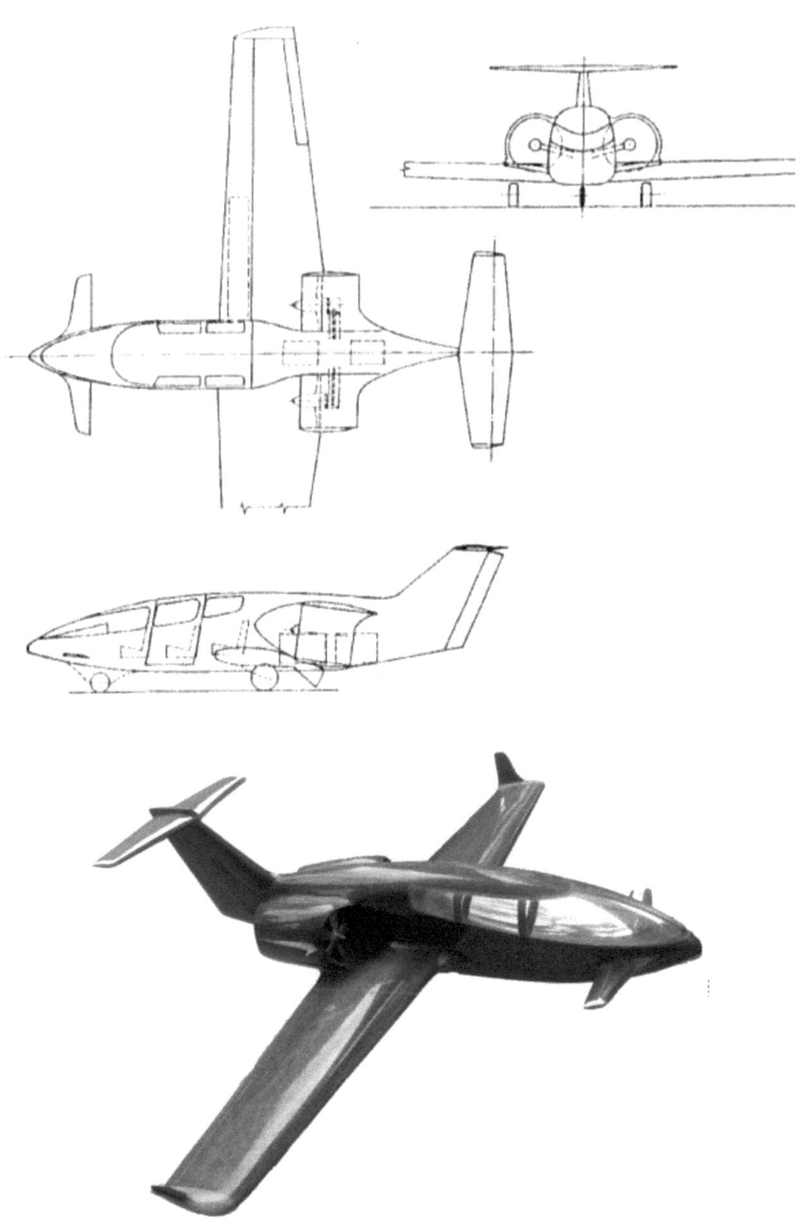

Fischer Flugmechanik FL-5 Whisper Fan (119)

Ende der achtziger Jahre stehen bei Rhein-Flugzeugbau umfassende Veränderungen an. Das mehr als zwanzig Jahre tätige Führungsgremium der Geschäftsführung erreicht die Altersgrenze. Zunächst verlässt Wolfgang Kutscher nach 20 Jahren Geschäftsführung die Rhein-Flugzeugbau GmbH im Jahr 1988. Der technische Leiter Hanno Fischer folgt im November 1989 nach dreißigjähriger Tätigkeit für das inzwischen 460 Mann starke Unternehmen. Sein Nachfolger als technischer Leiter bei RFB wird sein langjähriger Mitarbeiter Christoph Fischer. Alfred Schneider führt das Unternehmen als Geschäftsführer weiter.

Abschiedsrede Hanno Fischer 1989 bei RFB (120, Sammlung Fischer)

Auch die Eigentumsverhältnisse ändern sich 1989 bei Rhein-Flugzeugbau. Nachdem der Automobilkonzern Daimler-Benz verschiedene deutsche Luftfahrt-Unternehmen während der letzten Jahre erworben hatte, fasst er diese mit Gründung der Deutschen Aero Space AG (DASA) am 19. Mai 1989 unter einem Dach zusammen. Dornier, MTU und zwei AEG-Teilunternehmen sind hiervon betroffen. Am 6. September 1989 folgt das RFB-Mutterunternehmen MBB-ERNO in den DASA-Verbund. Damit entsteht der größte, deutsche Luftfahrtkonzern, zu dem für kurze Zeit nun auch Rhein-Flugzeugbau gehört.

DASA fokussiert sich auf die Kernrolle als Herstellungsbetrieb. Konzernunternehmen ohne Herstellungsfunktionen sollen verkauft werden. Ende der achtziger Jahre nimmt RFB mit dem Fantrainer nach wie vor die Rolle des Herstellers von Trainingsflugzeugen im Konzern ein. Trainer gehören aber nicht zu den strategischen Produkten der DASA, zumal sich die Vermarktung des Fantrainers als schwierig erwiesen hat. Die übrigen Geschäftssäulen des Rhein-Flugzeugbau, insbesondere die lukrativen Zieldarstellungsflüge und die Flugzeuginstandhaltung gehören nicht zu den Kernprozessen des künftigen DASA-Herstellungsbetriebs und sollen verkauft werden. Lediglich die Teile-Herstellung für das Airbus-Programm auf der Dahlemer Binz und die Fluggeräte-Herstellung bei den ehemaligen E.M.F. Elektromechanischen Fluggeräte-Werkstätten am RFB-Standort Hamburg passen in das Bild des DASA-Herstellungsbetriebs. Bei der Teilezulieferung zeichnet sich aber bereits 1989 ein Überangebot im Konzern ab. Der RFB-Betrieb auf der Dahlemer Binz bleibt daher Bestandteil von Rhein-Flugzeugbau. Lediglich die E.M.F. Fluggerätewerkstatt in Hamburg wird aus der Rhein-Flugzeugbau GmbH als künftig wieder eigenständiges Unternehmen innerhalb des DASA-Konzerns herausgenommen. Der restliche RFB-Betrieb mit 245 Mitarbeitern und einem Umsatz von 43 Millionen DM wird 1990 zum Verkauf ausgeschrieben.

Albert Blum (121)

Als möglicher Kaufinteressent tritt 1990 die ABS International von Albert Blum auf. Blum hatte 1957 ein Unternehmen zur Herstellung von Tauch-Pumpen in Scheiderhöhe bei Troisdorf gegründet. Die ABS Pumpen Scheiderhöhe entwickelte sich Ende der achtziger Jahre zu einem der namhaften Hersteller mit mehr als 1000 Mitarbeiter. Albert Blum verkauft sein Pumpenwerk 1989 an die schwedische Scanpump und gründet vom Verkaufserlös die ABS International GmbH in Troisdorf. ABS International soll eine Beteiligungs-Gesellschaft werden, unter der Blum künftige Firmen-Erwerbungen zusammenfassen will.[13] Blum beschäftigt sich seit Mitte der achtziger Jahre mit der Entwicklung von Bodeneffekt-Fahrzeugen. In Küsnacht in der Schweiz gründet er schon 1985 die ABS Aircraft AG und erwirbt von Rene Fournier die Baurechte für die seit 1977 in Frankreich produzierte RF-9. Blum ist an weiteren Lizenzrechten für dieses Unternehmen interessiert. 1987 hatte Blum Kontakt mit Wolfgang Hoffmann aufgenommen. Bei Wolf Hoffmann entstand zu dieser Zeit der Prototyp des Leichtfliegers Hoffmann H.40. Hoffmann fehlen allerdings die Mittel, um den Prototypen fertigzustellen. Albert Blum investiert 1 Mio. DM in den Betrieb und erhält im Gegenzug 30% der Anteile, sowie die Produktionsrechte für die H.40[14], die er möglicherweise als zweites Produktionsgleis bei ABS Aircraft AG aufsetzen will. Auch für die 1989 in Insolvenz gegangene Claudius Dornier Seastar GmbH zeigt Blum Interesse[15]. Beim Verkauf des Unternehmens tritt 1990 bereits die ABS International als Bieter auf. Nachdem die Übernahme der Dornier Composite Aircraft GmbH durch ABS gescheitert war, erwirbt Blum von den neuen Eigentümern die Baurechte an Dorniers Seastar im August 1991. Claudius Dornier legt gegen diesen Verkauf Widerspruch ein und verhindert die Übernahme schließlich gerichtlich.

---

[13] Wikimedia „ABS Pumpen“

[14] Flight International, 27.02.1988, „Hoffmann finds backer for light trainer“

[15] Der Spiegel, 14.10.199, „Neuer Streit um Seastar“

Über Alfons Pützer, den Blum aus der Zusammenarbeit mit Rene Fournier kennt, wird Albert Blum 1990 auf die zum Verkauf stehende Rhein-Flugzeugbau GmbH aufmerksam. Der frühere Sportavia- und heutige Wartungs-Standort des Unternehmens für Flugzeuge von Rene Fournier auf der Dahlemer Binz ergänzt die Leistungspalette von Blum's ABS Aircraft AG in der Schweiz und kommt als möglicher Produktionsstandort für Hoffmann H.40 in Betracht. Außerdem verfügt das Unternehmen in Mönchengladbach über umfangreiche Erfahrungen im Prototypenbau und Bau von Bodeneffekt-Fahrzeugen und eignet sich damit zu dem von Blum inzwischen angestrebten Prototypenbau seines Airfoils. Noch im gleichen Jahr erwirbt Blum's ABS International das Unternehmen von der DASA.

RFB-Geschäftsführer
Gerhard Seeger
(122. Sammlung Fischer)

Nachdem der langjährige RFB-Geschäftsführer Kutscher und der technische Leiter Hanno Fischer das Unternehmen altersbedingt schon vor dem Verkauf verlassen hatten, scheidet nun auch Alfred Schneider aus der Geschäftsführung nach der Übernahme durch ABS International aus und verlässt das Unternehmen noch 1990. Hanno Fischer und Alfons Pützer verbleiben als Berater der Geschäftsführung im Unternehmen. Gerhard Seeger wird im Februar 1991 zum Geschäftsführer ernannt[16]. Gerhard Wilhelm Seeger kommt aus dem Dornier-Konzern und war dort Leiter der Marketing-Abteilung. Seeger war bereits seit einiger Zeit Mitglied im Beirat von Rhein-Flugzeugbau und mit den Problemen des Unternehmens vertraut. Norbert Frentzen wird zum kaufmännischen Geschäftsführer bestellt. Christoph Fischer bleibt technischer Leiter. Ein neues Firmenlogo löst im

[16] Handelsregister Mönchengladbach

Mai 1991 das zwanzig Jahre alte RFB-Logo ab.[17] Mit dem Erwerb von Rhein-Flugzeugbau übernimmt Albert Blum auch die noch existierende Leichtflugtechnik Union GmbH. Sie ist inzwischen eine 100% Tochter von Rhein-Flugzeugbau und Patenthalter der Entwicklungen im Bereich Kunststoff-Verarbeitung aus dem LFU-205 Projekt. Im Februar 1991 übernehmen Blum und Frentzen die Geschäftsführung bei LFU von Alfred Schneider.

Die Lage bei Rhein-Flugzeugbau war bereits zum Zeitpunkt der Übernahme schwierig. Zwar vereinbarten die Deutsche Aerospace und Albert Blum die Fortsetzung der Zusammenarbeit bei der Teilefertigung für Airbus und der anlaufenden Entwicklung des Fanrangers für die JPATS-Ausschreibung der USAF. Ansonsten war Rhein-Flugzeugbau nach Wegfall der Zieldarstellungsflüge für die Bundeswehr, die 1990 von der schweizerischen Pilatus übernommen wurden, hauptsächlich ein ziviler Wartungsbetrieb. Für das margenarme, zivile Instandhaltungsgeschäft war Rhein-Flugzeugbau mit 260 verbliebenen Mitarbeitern und etwa 400.000 Arbeitsstunden pro Jahr sehr groß dimensioniert, zumal mit der Zieldarstellung die Grundüberholung der OV10 Bronco entfallen war.

Neben der Fanranger-Entwicklung beschäftigt man sich bei Rhein-Flugzeugbau 1990 mit der Vorbereitung der Lizenzfertigung des Airfish AF-3 von Hanno Fischer und der Entwicklung des Fanliner FL-5, der ebenfalls auf dem Whisper-Fan 6 von Hanno Fischer basiert. Der Airfish AF-3 kann schnell in eine Serienproduktion überführt werden. Anfang der neunziger Jahre muss für ein solches Freizeit-Bodeneffekt-Fahrzeug allerdings erst einmal ein Markt entwickelt werden. Die Nachfragemengen waren unklar. Der Fanliner FL-5 befand sich noch in einem relativ frühen Projektstadium mit einer langen Laufzeit bis zur Serienaufnahme. Albert Blum lässt beide Projekte zwar weiterlaufen, forciert allerdings die Aufnahme der Serienfertigung für die Hoffmann H.40[18]. Die beiden H.40 Prototypen, die bereits 1988 und 1991 ihre Erstflüge absolviert hatten, werden 1991 als Mustermaschinen für den Aufbau der H.40-Serienproduktion nach Mönchengladbach gebracht. Auch der Prototyp des Airfoils von Albert Blum soll im Entwicklungsbetrieb in Mönchengladbach entstehen.

Anfang 1991 scheint Albert Blum eine Restrukturierung der Rhein-Flugzeugbau GmbH zu planen. Im März 1991 wird in Mönchengladbach die W+S Wartung und Service Airline GmbH gegründet[19]. Auch der Standort auf der Dahlemer

---

[17] Deutsches Patent- und Markenamt, RNr. 2015455

[18] Lothar Franz, „Geschichte des Luftsportvereins Bonn Rhein-Sieg“, Seite 72

[19] Amtsgericht Mönchengladbach, HRB 190

Binz soll 1991 aus dem RFB-Betrieb auslagert und unter der auf Rene Fournier spezialisierten Dachmarke ABS Aircraft zusammengefasst werden. Hartmut Stiegler übernimmt diese Aufgabe. Stiegler war in den achtziger Jahren bei Buderus Sell im Bereich Flugzeugküchen tätig. Bei der König Maschinenbau GmbH in Büdingen beschäftigt sich Stiegler ab 1988/89 mit dem Bau von Luftkissenfahrzeugen. Hierüber lernt Stiegler Anfang der neunziger Jahre Albert Blum kennen und setzt mit ihm gemeinsam die Entwicklungsarbeit an einem Hovercraft-Fahrzeug fort. Ob die Ausgliederung der Dahlemer Binz vor dem Hintergrund einer möglichen späteren Hovercraft-Produktion erfolgte, ist nicht bekannt. Im März 1992 gründet Hartmut Stiegler auf der Dahlemer Binz die ABS Aircraft GmbH als Tochterunternehmen der ABS Aircraft AG in der Schweiz. Die ABS Aircraft GmbH übernimmt von Rhein-Flugzeugbau den Standort auf der Dahlemer Binz einschließlich des Kunststoffwerks und der Flugzeugwartung. Nach Abschluß der Ausgründung übergibt Hartmut Stiegler die Geschäftsführung im Oktober 1992 und kehrt nach Mönchengladbach zurück.[20]

Nach der Ausgründung des Dahlemer Standorts verlässt Gerhard Seeger im März 1992 die RFB-Geschäftsführung nach nur einem Jahr. Er wechselt in die Geschäftsführung der CAST Guss-Manufaktur in Velbert. Albert Blum und Norbert Frentzen führen Rhein-Flugzeugbau als Geschäftsführer weiter.[21] Der RFB-Kernbetrieb verbleibt nach Abschluss der Restrukturierung weitgehend als luftfahrttechnischer Entwicklungs- und Prototypenbaubetrieb.

Nachdem Christoph Fischer die grundlegende Entwicklung des Fanrangers 1992 abgeschlossen hat, übernimmt der DASA-Konzern in Manching den Bau der Prototypen, sowie die spätere Anpassung zum Ranger 2000. Christoph Fischer unterzieht auch den klassischen Fantrainer-Entwurf Anfang der neunziger Jahre noch einmal einer Modernisierung, die vor allem auf eine stärkere Motorisierung abzielt. Aber auch der FT-800 und FT-1000 findet keine Interessenten. Mit dem Tiro-Trainer stellt Fischer schließlich noch einmal eine fangetriebene Variante des Fantrainers vor, die im Gegensatz zum Fanranger auf die Commonality zum Fantrainer abzielt. Der Tiro-Trainer wird der thailändischen Luftwaffe 1993 als Nachfolgemuster für die FT-400 und FT-600 angeboten. Da die wirtschaftliche Situation des Rhein-Flugzeugbau 1993 eine schnelle Entwicklung des Tiro-Trainers bis zur Serienreife aber unwahrscheinlich machte, beabsichtigt man der RTAF als Übergangslösung eine preiswerte, existierende Flugzeugkonstruktion anzubieten.

[20] Eintragungen im Handelsregister Amtsgericht Schleiden

[21] Eintragungen im Handelsregister HRB 2612 Amtsgericht Mönchengladbach

Malmo Flygindustri MFI-10B Vipan
ILA 1970 in Hannover
(125, © RuthAS, CC-BY 3.0)

Dazu will man eine Malmö Flygindustri MFI-10 modernisieren, die schon 1961 als Trainingsflugzeug für die schwedische Luftwaffe entwickelt, aber schließlich nicht in Serie gebaut wurde. RFB übernimmt den zweiten MFI-10 Prototyp SE-CPI von Flygvapenmuseet in Stockholm und rüstet sie mit einem 200 PS Lycoming IO-360-A Motor und einem Dreiblattpropeller aus. Nachdem die thailändische Luftwaffe kein Interesse an der Übergangslösung hat, wird das Flugzeug 1993 auf dem Pariser Aerosalon als MFI-10C präsentiert. Es ist der letzte Auftritt von Rhein-Flugzeugbau auf einer internationalen Luftfahrt-Ausstellung. Auch in Paris finden sich keine Käufer für das veraltete Flugzeug. Die Maschine wird nach der Ausstellung zurückgerüstet und an das Museum in Stockholm zurückgegeben. [22] Die weiteren Gespräche mit der thailändischen Luftwaffe zum Tiro-Trainer verlaufen ergebnislos. Für weitere Entwicklungstätigkeiten stehen dem Team um Christoph Fischer 1993 keine Mittel mehr zur Verfügung.

Unabhängig von Christoph Fischer arbeiten Albert Blum und Hartmut Stiegler 1993 an der Airfoil- und Hovercraft-Entwicklung. Albert Blum hatte schon 1984 sein erstes Airfoil-Patent unter der Patentnummer DE3522146A1 angemeldet. Es handelte sich dabei um einen Trimaran nach dem Prinzip von Alexander Lippisch mit einem umgekehrten Deltaflügel. Mit dem Ingenieurbüro für Flugzeugbau von Gabor Jakab in Markdorf führt Blum 1985 die technische Auslegung durch.[23]. Zunächst entstand daraus ein Modell im Maßstab 1:5 für Windkanaltests, die an der Technischen Universität in München von Gabor Jakab und Egon Wegmann durchgeführt wurden. Auch erste ferngesteuerte Flüge wurden mit dem Modell auf dem Bodensee absolviert. In zehn Testreihen ermittelte Gabor die endgültigen Abmessungen des Airfoils. Die Versuche verliefen zufriedenstellend. Das Flugmodell zeigte eine hohe Längs- und Höhenstabilität auch bei Wellenbildung. Albert Blum fasste die Erkenntnisse aus den Modellversuchen in einem neuen Patent DE3937240A1 im November 1989 zu-

[22] 1000aircraftphotos.com
[23] Südkurier, Winfired Thum,
„Gabor Jakab und der geplatzte Traum vom Gleitflügler", 04.03.2015

sammen. Der Bau eines 1:1 Mockup für drei Passagiere mit einem 66kW starken K100 Motor ist das nächste Ziel von Jakab und Blum. Der Bau des Prototypen beginnt 1992 bei Rhein-Flugzeugbau. Da Blum aber bereits 4 Millionen DM in das Projekt investiert hat, sucht er nach weiteren Geldgebern in China und in den USA. Der Bau des Prototypen verzögert sich dadurch und wird schließlich 1993 endgültig eingestellt.

Albert Blum und Hartmut Stiegler beschäftigen sich zu dieser Zeit bereits mehr mit den Prinzipien der Luftkissenfahrzeuge. Im Dezember 1993 veröffentlichen beide eine Reihe von Patentschriften zum prinzipiellen Aufbau ihres Luftkissenfahrzeugs und zu den ausrüstungs- und steuerungsseitigen Prinzipien bei der Schweizer Muttergesellschaft ABS Aircraft AG in Goldach bzw. bei der ABS International S.A. Holding in St. Blaise in der Schweiz. Weitere Hovercraft-Patente folgen 1994. Die Arbeiten von Blum und Stiegler kommen Anfang 1994 auf Grund der wirtschaftlichen Situation bei ABS und RFB zum Erliegen. Später greift Klaus Blum, der Sohn von Albert Blum, bei ABS Hovercraft Ltd. in England einige Hovercraft-Patente auf und setzt diese im ABS Hovercraft M10 um. Hartmut Stiegler übernimmt im Juli 2000 die Hovercraft 2000 GmbH und vermarktet hierüber zunächst das sechssitzige Hovercraft Donar von ABS Hovercraft. Später folgen das dreisitzige Hunter Hovercraft, sowie das fünfsitzige Wildcat Hovercraft, das auf dem Donar basiert.

Die auf einen weitgehenden Entwicklungsbetrieb geschrumpfte Rhein-Flugzeugbau GmbH in Mönchengladbach finanziert Albert Blum weitgehend über die ABS International und über das verbliebene Wartungsgeschäft. Als die finanziellen Mittel des ABS-Mutterkonzerns Anfang 1994 erschöpft sind, wird auch der Betrieb bei Rhein-Flugzeugbau 1994 weitgehend eingestellt. Im Sommer 1994 verlässt Norbert Frentzen die Geschäftsführung. Hartmut Stiegler übernimmt am 30. Juni 1995 die Geschäftsführung der Rhein-Flugzeugbau GmbH von Albert Blum.[24] Mit einer kleinen verbliebenen Restmannschaft führt Stiegler vor allem Wartungsservices für Vorrichtungen durch, die in früheren Jahren von RFB verkauft wurden. Stiegler bemüht sich auch um Zusatzaufträge aus der Wirtschaft, um die Ertragslage des Unternehmens zu verbessern. Unter anderem sollen in den Werkstätten von RFB Fahrzeug-Sonderanfertigungen für einen deutschen Automobil-Hersteller gefertigt worden sein.

Am 1. April 1997 ergeht aber der endgültige konkurseröffnende Beschluss des Amtsgerichts Mönchengladbach mit dem die Rhein-Flugzeugbau GmbH aufgelöst wird.[25] Die Reste des Unternehmens, zu denen noch Patente, Entwicklungen, Flugzeuge und das Inventar gehören, werden 1997/98 versteigert. Die drei noch in Mönchengladbach befindlichen Mustermaschinen des Fantrainers ersteigern 1998 Peter Adrian und Ralph Thomas zusammen mit drei LKW-Ladungen Ersatzteilen. Sie setzen die Maschinen in Trier wieder instand und verkaufen diese später weiter. Der zivile Fanliner II wird von Luigi Colani ersteigert, der das Flugzeug in den siebziger Jahren designed hatte und es nun in seinen Ausstellungen zum Industriedesign verwendet. Der X.113 Versuchsträger wird mit sämtlichen technischen Unterlagen 1997 an Flightship Pty in Australien verkauft, die eine Produktionslinie für Bodeneffekt-Fahrzeuge auflegen will. Auch der von Fischer Flugmechanik entwickelte Airfish AF-3 geht nach Australien. Die Maschinen-Anlagen und Einrichtung der ehemaligen Rhein-Flugzeugbau werden an Unternehmen in Deutschland verkauft. Die H.40 Prototypen von Hoffmann werden in Bochum eingelagert. Einer der Prototypen

---

[24] Amtsgericht Mönchengladbach, HRB 2612, Eintrag über Geschäftsführer-Veränderung im Juli 1994, Juni 1995, August 1995, Mai 1996 und November 1996

[25] Amtsgericht Mönchengladbach, Schriftstück 20N59/96

wird 2006 in Bonn wieder flugfähig gemacht. Ende 1998 sind die Hallen und Büros der Rhein-Flugzeugbau GmbH am Flughafen Mönchengladbach geräumt. Die Reste des Unternehmens ziehen in ein Bürogebäude im nahen Gewerbegebiet von Willich.

Im Juli 2000 übernimmt Hartmut Stiegler die Geschäftsführung der Hovercraft 2000 GmbH in Leipzig und verlagert deren Firmensitz nach Willich. Bei Hovercraft 2000 bietet Stiegler früheren RFB-Kunden auch die Instandsetzung alter RFB-Anlagen und –Systeme an. Hierzu gehört unter anderem die Überholung und Wartung von elektromechanischen Windensysteme, wie sie beispielsweise in der Zieldarstellung für das Schleppen von Zielen verwendet werden. Auch die Instandsetzung von Kabinensystemen, die Fertigung von Kabelbäumen und Schweisstechnik für Luftfahrt-Anwendungen gehören zu den Leistungen, die für ehemalige RFB-Kunden angeboten werden. Inzwischen knüpft Stiegler mit der Hovercraft 2000 GmbH auch wieder an die von ihm und Albert Blum verfolgte Airfoil- und Hovercraft-Technologie an und vermarktet in Deutschland kleinere Hovercraft-Fahrzeuge. [26] [27]

Als eingetragenes Unternehmen existiert die Rhein-Flugzeugbau GmbH noch einige Jahre im Handelsregister der Stadt Mönchengladbach bevor der Eintrag HRB 2612 im 50. Jahr seines Bestehens am 11. September 2006 endgültig gelöscht wird[28]. Inzwischen existiert in Willich wieder ein Unternehmen mit dem traditionsreichen Namen Rhein-Flugzeugbau, das allerdings abweichend von der früheren Schreibweise nun Rheinflugzeugbau heißt. Das Unternehmen wurde am 19. Dezember 2008 beim Amtsgericht Krefeld von Hartmut Stiegler gegründet[29]. Zweck des Unternehmens ist das Design, die Entwicklung und der Vertrieb sowie der Prototypenbau von Transportgeräten zu Luft, zu Land und zu Wasser und deren Komponenten. Seit Dezember 2013 besitzt die neue Rheinflugzeugbau die Geschäftsform einer GmbH.

Das früher marktgängigen Firmenkürzel „R-F-B“[30] und das alte Firmen-Logo hat Andreas Sattler für Fanjet Aviation 2010 beim Deutschen Patent und Marken-

---

[26] Amtsgericht Krefeld, HRB 13195,
Eintrag über Geschäftsführer-Veränderung vom April 2000

[27] Hovercraft 2000 GmbH Homepage auf hovercraft-2000.de

[28] Amtsgericht Mönchengladbach, HRB 2612, Eintrag über die Unternehmenslöschung

[29] Amtsgericht Krefeld, HRB 12268, Ersteintrag vom 29.01.2009

[30] Deutsches Patent- und Markenamt,

amt schützen lassen. Auch das alte VFW-Logo der früheren Muttergesellschaft „Vereinigte Flugtechnische Werke" wurde für Fanjet als Marke eingetragen.

Die bereits 1992 aus dem RFB-Verbund ausgegliederte ABS Aircraft GmbH auf der Dahlemer Binz wird als Folge der Auflösung der ABS-Gruppe in Deutschland 1994 in Equipment, Interior und Service E.I.S. Aircraft GmbH umbenannt und 1995 von der IVG Holding AG in Bonn übernommen. IVG ist der größte unabhängige Anbieter von Passagier- und Frachtabfertigung, sowie Flugzeugservices in Deutschland. Die Wartungsstandorte der E.I.S. Aircraft GmbH in Frankfurt, München, Kiel, Wittmund, Mönchengladbach und Cuxhaven werden in das IVG-Netzwerk eingebunden. Auf der Dahlemer Binz unterhält E.I.S. die frühere Pützer/RFB Kunststoffwerkstatt, die sich inzwischen auf die Entwicklung und Herstellung von Flugzeugbauteilen spezialisiert hat. Inzwischen betreibt E.I.S. Aircraft GmbH auch wieder die Pilatus PC-9 und PC-12 Zieldarstellungsflotte der Bundeswehr. Am 1. September 1998 geht E.I.S. Aircraft durch einen strategischen Zusammenschluss mit IVG in den Besitz von Aviapartner aus Belgien über. Eine Hamburger Investorengruppe erwirbt das Unternehmen 2011 und verkauft es 2015 weiter an EQT Mid Market[31]. Bis 2013 befand sich der E.I.S. Firmensitz noch auf der Dahlemer Binz in den früheren Sportavia-Pützer- bzw. RFB-Einrichtungen. Offiziell auf Grund fehlender Arbeitskräfte zieht das Unternehmen 2014 nach Euskirchen um. Damit ist auch der letzte noch existierende, frühere Produktionsstandort von Rhein-Flugzeugbau endgültig geschlossen.[32]

Ehemaliges Sportavia-Werk auf der Dahlemer Binz (204)

Registrierung 302010031669/670/675/677 vom 16.07.2010

[31] E.I.S. Aircraft GmbH auf dgap.de und kununu.com

[32] Kölner Stadt-Anzeiger, 30.04.2013
„Wegen Fachkräftemangel E.I.S. Aircraft zieht nach Euskirchen"

Zu den sehr frühen Folgeunternehmen der Rhein-Flugzeugbau GmbH zählt die Fischer Flugmechanik. Das Ingenieurbüro wurde 1979 von Hanno Fischer gegründet, um die bei RFB eingestellten Entwicklungsarbeiten an Bodeneffekt-Fahrzeugen, aber auch die weitere Optimierung der Fan-Technologie in Hinblick auf die Lärmreduzierung selbstständig fortführen zu können. Mit Rhein-Flugzeugbau bzw. MBB trifft Hanno Fischer eine Vereinbarung über die Nutzung seiner früheren Patente, soweit diese Rhein-Flugzeugbau gehören. Fischer verpflichtet sich seine Entwicklungen nicht an direkte Konkurrenten weiterzugeben und sie nicht in Verbindung mit militärischen Projekten zu nutzen.

Klaus Matjasic
(126, Sammlung Fischer)

Klaus Matjasic, der bei RFB seine Lehre absolviert hatte, unterstützt Hanno Fischer bei den experimentellen Werkstattarbeiten. Nach seinem Studium an FH Aachen übernimmt Matjasic bei Fischer Flugmechanik zunächst konstruktive, später vermehrt auch auslegungstechnische Arbeiten. Auf Grund seines Ideenreichtums und Engagements wird Matjasic später Partner von Hanno Fischer.

Hanno Fischer will die experimentell aus der X.113 und X.114-Entwicklung gewonnenen Erkenntnisse zur Serienreife weiterführen. Die Kombination aus Luft- und Wasserfahrzeug führten bei der X.113 und X.114 zu einem deutlich erhöhten Entwicklungsaufwand, um luftrechtliche und schiffahrtsrechtliche Anforderungen mit den Geräten zu erfüllen. Auch für die Ausbildung der Piloten und für die Instandsetzung der Geräte sind sowohl schiffs- als auch luftrechtliche Vorgaben zu beachten. Der wesentliche Nutzen der Bodeneffekt-Geräte gegenüber reinen Flugzeugen oder Schiffen entsteht bei der Bewegung im Bodeneffekt-Bereich. Die Flugeigenschaften außerhalb des Bodeneffekt-Bereichs kommen nur in Ausnahmesituationen, etwa zum Überfliegen von Hindernissen oder bei kombinierten Land/See-Einsätzen im Landbereich zum Tragen. Um die Konkurrenzfähigkeit seiner künftigen Bodeneffekt-Geräte zu herkömmlichen Booten und Schiffen zu erreichen, entschließt sich Hanno Fischer dazu, bei seinen künftigen Geräten auf die Flugeigenschaften zu verzichten und eine reine Bootszulassung zu verfolgen. Im Gegensatz zu den Tandemflügel-Lösungen von Jörg und dem in Russland an

Ekranoplanen arbeitenden Aleksejew bezeichnet Fischer sein Fahrzeug als WIG (Wing-in-Ground) Fahrzeug.

Hanno Fischer beschäftigt sich bei Fischer Flugmechanik in den nächsten Jahren zunächst mit einer Vielzahl von Grundlagenfragen der WIG-Technologie. Die Ergebnisse der zehnjährigen Grundlagenarbeit fasst Hanno Fischer Anfang der neunziger Jahre in mehreren Patenten zusammen. Im April 1990 wird unter der Patentnummer DE4010877A1 die grundsätzliche Funktion des Staufügel-Boots einschließlich des Mechanismus zur Vermeidung freier Flüge beschrieben. Im Februar 1993 verfeinert Klaus Matjasic dies im Patent DE4405152A1, das erstmals nicht mehr für Rhein-Flugzeugbau sondern für Fischer Flugmechanik eingetragen wird. Im September 1996 wird die gesamte Airfish-Technologie schließlich im Patent DE19637544A1 durch Hanno Fischer und Klaus Matjasic für Fischer Flugmechanik zusammengefasst. Mitte der achtziger Jahre beginnen Fischer und Matjasic mit dem Bau eines ersten Versuchsträgers unter der Bezeichnung Airfish. Der Airfish soll über eine Reihe von Prototypen zum ersten, weltweit in Serie gebauten WIG-Gerät führen. Fischer Flugmechanik beabsichtigt dabei nicht selbst in die Produktion einzusteigen, sondern Lizenzrechte zur Produktion an Dritte abzugeben, ähnlich wie dies bereits 30 Jahre zuvor bei der RW3 der Fall war. Für den ersten zum Serienbau vorgesehenen Airfish AF-3 führt Fischer Flugmechanik Lizenz-Verhandlungen mit Rhein-Flugzeugbau. Trotz Einigung kommt der AF-3 Serienbau bei RFB auf Grund der dortigen Insolvenz, aber auch auf Grund von Problemen mit Vermarktungspartnern in den USA nicht mehr zur Umsetzung. Lediglich der Prototyp des Airfish AF-3 wird bei Rhein-Flugzeugbau von Fischer und Matjasic montiert.

Um nach der Insolvenz von Rhein-Flugzeugbau die Lücke des Produktionsbetriebs für den Prototypenbau zu schließen, gründet Hanno Fischer 1997 ein Tochterunternehmen unter dem Namen Airfoil Development GmbH. Während Fischer Flugmechanik weiterhin schützenswerte Grundlagenforschung und Entwicklungsarbeiten betreibt, übernimmt AFD die Unterstützung der Lizenznehmer von Fischer Flugmechanik. Je nach Lizenzvereinbarung übernimmt AFD den Bau von Mustergeräten für den späteren Serienbau beim Lizenznehmer in Eigen- oder Fremdfertigung oder unterstützt den Lizenznehmer bis zur Betriebszulassung vor Ort beim Aufbau der Lizenzfertigung. Zwischen Airfoil Development und Fischer Flugmechanik besteht für den Prototypenbau ebenfalls eine Lizenzvereinbarung, die AFD den Nachbau von Entwürfen der Fischer Flugmechanik gestattet. Sämtliche Rechte und weitere Lizenzvereinbarungen bleiben auch nach Gründung der AFD im Eigentum von Fischer Flugmechanik. Klaus Matjasic wird 1997 Geschäftsführer der Airfoil Development GmbH.

Mitte der neunziger Jahre beabsichtigen Fischer und Matjasic den Bau eines größeren WIG-Fahrzeugs. Bei Fischer Flugmechanik entstehen 20-, 50-, 80-, 100- und 120-sitzige Entwürfe von WIG-Geräten. Für die australische Flightship Pty entsteht zunächst ein achtsitziges Taxiboot unter der Bezeichnung AF-8. Fischer Flugmechanik beauftragt AFD mit dem Prototypenbau und verkauft gleichzeitig die Lizenz zur Serienproduktion nach Australien.

Fischer und Matjasic erkennen aber, dass die Airfish-Technologie für den Bau größerer WIG-Geräte auf Grund des hohen Energiebedarfs beim Abheben aus dem Wasser unzureichend ist. Bei Fischer Flugmechanik entsteht daraufhin Ende der neunziger Jahre eine neue Technologie unter der Bezeichnung Hoverwing. Bei ihr werden Teile des Propellerstroms unter den Bootsrumpf geleitet, um dort ein Luftkissen aufzubauen, das das WIG-Gerät in einen Schwebezustand überführt, aus dem heraus der Übergang in den Bodeneffekt-Betrieb stattfindet. Fischer Flugmechanik arbeitet das grundlegende Design des Hoverwing Versuchsträgers aus und gibt diesen 1997 zur Realisierung und Erprobung an das Institut für Binnenschiffbau in Duisburg. Nach Abschluss der Erprobung im Jahr 2001 begeben sich Fischer und Matjasic auf die Suche nach einem Investor, der Mittel für den Bau eines größeren WIG zur Verfügung stellt.

Inzwischen erleidet Klaus Matjasic ein schweres Krebsleiden. Nach langer Erkrankung gibt er im September 2005 die Geschäftsführung der Airfoil Development GmbH auf. Er verstirbt an seinem Krebsleiden. Hanno Fischer verliert mit Klaus Matjasic einen langjährigen, zuverlässigen Weggefährten, der eigentlich der designierte Nachfolger Fischers bei der WIG-Entwicklung werden sollte. Hanno Fischer übernimmt 2006 im Alter von 81 Jahren die alleinige Geschäftsführung der AFD. Der Firmensitz wird von Wegberg nach Kempen verlagert.

Mit der indonesischen Investorengruppe GECAT Corporation findet Hanno Fischer 2009 endlich einen Investor zum Bau eines größeren zwanzigsitzigen WIG. GECAT ist an der Serienfertigung des Hoverwing HW20 auf Lizenzbasis bei einem seiner Tochterunternehmen in Indonesien interessiert. Um den notwendigen Prototypenbau in Deutschland zu ermöglichen, beteiligt sich GECAT 2009 an der Airfoil Development GmbH. Über die Airfoil Development GmbH unterstützt Hanno Fischer den Prototypenbau des HW20, ebenso wie die Airfish AF-8 Entwicklung bei Wigetwings in Singapur bzw. bei CTRM in Malaysia.

Bei Fischer Flugmechanik entstehen gleichzeitig weitere WIG-Entwürfe, wie etwa der fünfzigsitzige HW50, der bei Wingship in Korea als WSH-500 in Lizenz gefertigt werden soll. Im Mai 2015 legt Hanno Fischer die Geschäftsführung der Airfoil Development GmbH nieder. Jens Janke wird neuer Geschäftsführer des Unternehmens und übernimmt damit die Verantwortung für die Realisierung und Einführung neuer WIG-Entwicklungen aus der Fischer Flugmechanik. Hanno Fischer beschränkt sich seit 2015 auf Tätigkeiten bei der Fischer Flugmechanik, die nach wie vor sämtliche Rechte an den WIG-Entwicklungen von Hanno Fischer der vergangenen 35 Jahre hat. Aus der Fischer Flugmechanik heraus betreut Hanno Fischer auch weiterhin seine Lizenzpartner in Singapur, Indonesien und Korea. Seine Vorlesungen und Vorträge über den aktuellen Stand der Bodeneffekt-Technologie hält Hanno Fischer weiterhin.

Hanno Fischer und Klaus Matjasic setzen ihre Überlegungen in einem Versuchsträger-Programm unter der Bezeichnung Airfish um. Im Gegensatz zur X.113 und X.114 sollen die Entwicklungen unter der Bezeichnung Airfish keine Flugboote mehr sein, sondern wie die Collins X.112 als Wasserfahrzeuge anerkannt werden. Zwar soll der Airfish kleinere Hindernisse überfliegen können, danach aber unmittelbar wieder in den Bodeneffekt-Bereich zurückkehren. Flughöhen von 800 Metern, wie sie die X.113 und X.114 erreichen konnten, strebt Fischer und Matjasic mit dem Airfish nicht an. Mit dem Airfish AF-1 will Fischer vor allem den Zulassungsprozess als Boot erreichen. Dazu müssen die Wasser-Behörden davon überzeugt werden, dass der Airfish sich tatsächlich wasserabhängig bewegt. Fischer weist dies durch einen Aufbau nach, bei dem der induzierte Widerstand mit zunehmender Höhe wächst, das Boot langsamer macht und in einen Sinkflug überführt. In Wassernähe soll das WIG trotzdem Geschwindigkeiten von bis zu 100 km/h erreichen. Angetrieben wird es von einem 33 PS-Motor, der über ein Getriebe eine Mantelschraube antreibt.

Airfish AF-1 auf dem Baldeney-See in Essen 1987 (127, Fischer Flugmechanik)

Fischer und Matjasic bauen den Airfish in Eigenleistung. Von Rhein-Flugzeugbau wird einen Hallenplatz für den Bau des Flugboots zur Verfügung gestellt. Die erste Erprobung des Airfish AF-1 findet 1987 auf dem Baldeney See in Essen statt. Mit der Erprobung der AF-1 kann das Prinzip der WIG-Technologie ausreichend nachgewiesen werden. Ein gravierender Nachteil des Boots ist allerdings die große Spannweite von fast 10 Metern. Sie erschwert das Manövrieren in Landnähe und beim Anlegen. Hanno Fischer entwickelt daraufhin einen neuen Flügel mit geringerem Seitenverhältnis und reduziert damit die Spannweite um

Airfish AF-2 Erprobung 1989 (128, Fischer Flugmechanik)

30%. Der Airfish AF-1 wird mit diesem neuen Flügel und einem verbesserten Leitwerk ausgestattet und ab 1989 als Airfish AF-2 bezeichnet, mit dem das Testprogramm fortgesetzt wird. Fischer ändert die Motorisierung des Airfish AF-2 mehrfach. Statt des kleinen 33 PS Motors, der beim Airfish AF-1 meist auf 13 PS gedrosselt wurde, baut er im Airfish AF-2 einen 70 PS Motor, später sogar eine 90 PS Hirth-Motor ein. Die Erprobung des Airfish AF-2 wird 1989 zufriedenstellend abgeschlossen. Die Airfish-Konstruktion ist in Deutschland als Boot anerkannt und unterliegt deshalb nicht mehr den luftrechtlichen Anforderungen. Die Leistungsfähigkeit und Stabilität wurde im Erprobungsprogramm auf dem Baldeney See ausgiebig nachgewiesen. Fischer und Matjasic beenden daraufhin ihre zehnjährige Entwicklungsarbeit am Prototypen.

Bereits während der Erprobung des Airfish AF-1/2 erhält Hanno Fischer Kaufanfragen für das Boot. Der einsitzige Airfish AF-1/2 als Versuchsträger ist für eine Serienfertigung aber nicht geeignet. Viele Interessenten sind außerdem auf der Suche nach einem mehrsitzigen Boot. Fischer und Matjasic legen daher auf Basis des Airfish AF-2 ein neues serientaugliches Boot für zwei Personen unter der Bezeichnung Airfish AF-3 auf.

Aus Zeitungsberichten wird Bill Russel 1987 in den USA auf die Airfish-Entwicklung aufmerksam. Nach einer Demonstration des Airfish AF-2 auf dem Baldeney See formuliert Russel seine Anforderungen an ein Sport- und Freizeit-WIG. Fischer Flugmechanik erstellt daraufhin einen zweisitzigen Entwurf unter der Bezeichnung Airfish AF-3. Er erhält einen 90 PS BMW Motorrad-Motor, der eine sechsblättrigen Mantelschraube mit einem Durchmesser von 1,1 Meter auf dem Rumpf antreibt. Die äußeren Flügel sind einklappbar, um die Abstellfläche für das Gerät zu verkleinern.

Russel beabsichtigt rund 100 AF-3 Exemplare pro Jahr in den USA abzusetzen. Russel ist aber zunächst nicht an einer Lizenzproduktion in den USA interessiert, sondern möchte die Boote auf Bestellung von Fischer Flugmechanik beziehen. Einen interessierten Produktionspartner für den Airfish AF-3 findet Hanno Fischer in seinem früheren Arbeitgeber, der Rhein-Flugzeugbau GmbH. Rhein-Flugzeugbau erwirbt von Fischer Flugmechanik eine Fertigungslizenz für den Airfish AF-3 und erhält gleichzeitig die Vermarktungsrechte für das Boot. Rhein-Flugzeugbau soll künftig auch die Aufträge für den amerikanischen Markt von Bill Russel übernehmen.

RFB AF-3 Vermarktungsbrochüre, 1990 (129, RFB)

RFB Riverbus 15, 1990 (130, RFB)

Neben dem rein auf Sportzwecke ausgelegten Airfish AF-3 verfolgen Fischer und Rhein-Flugzeugbau aber auch bereits größere Boote. Hierzu gehört z.B. der Flairbus oder der fünfzehnsitzige Riverbus, den Fischer schon in den 70ern skizziert hatte. Er soll als Schnellfähre auf Flüssen und kurzen Seestrecken zum Einsatz kommen. Hierbei handelt es sich aber um reine Projektideen. Obwohl auch Russel an diesen Ideen für den amerikanischen Markt interessiert ist, werden diese von Fischer Flugmechanik in dieser Form nicht weiterverfolgt.

Russel gründet inzwischen in Florida eine Vertriebsfirma unter dem Namen Flarecraft Corporation. Sie bestellt 1989 einen AF-3 Prototypen zur Erprobung und für die später geplante Demonstrationstour in Nordamerika. Die Fertigung des AF-3 Prototypen erfolgt 1990 bereits bei Rhein-Flugzeugbau mit Unterstützung durch Hanno Fischer und Klaus Matjasic. Noch im gleichen Jahr beginnt auch die Erprobung des Prototypen auf dem Markenermeer in Holland. Die AF-3 erhält die IMO-Klassifizierung B, die kleinere Luftsprünge zulässt, aber keinen permanenten Flug im Bereich außerhalb des Bodeneffekts. Fischer führt dazu bei den Schiffahrtsbehörden den Nachweis, dass das Fahrzeug durch die negative Deltaflügel systematisch wieder zur Wasseroberfläche zurückgeführt wird.

Bill Russel nimmt den Prototyp des AF-3 in Holland gemäß seiner Spezifikation ab und überführt das Boot nach Florida. Dort erhält das Boot von der U.S. Coast Guard eine Sonderzulassung und darf für Demonstrationsflüge in den USA genutzt werden. Russel präsentiert den Airfish AF-3 erstmals auf der Miami Boat Show 1992. Das schnelle Gleiterboot findet bei den Freizeit-Bootsführern großes Interesse und wird auch in den einschlägigen Freizeitboot-Magazinen ausführlich vorgestellt.

Schon bei der Erprobung des AF-3 zeigt sich, dass das Boot einen langen Anlaufweg zum Aufbau des Bodeneffekts benötigt. Russel experimentiert in den USA daher mit verschiedenen Motorisierungen und testet insgesamt 50 Varianten. Hierzu gehören leistungsstarke Motorrad-Antriebe, ein Volkswagen-Motor, sowie verschiedene kleinere Flugtriebwerke. Aus Russels Sicht erzielt ein Subaru V4 die besten Ergebnisse bei diesem Motortest. Parallel dazu entwickeln Fischer und Matjasic zur Lösung des Problems in Deutschland die sogenannte „Power Augumented" Technologie. Dabei wird ein zusätzlicher Luftstrom von zwei Motoren unter den Flügel des Boots gelenkt, wodurch der Übergang in den Gleitzustand wesentlich früher erreicht wird. Nachdem der Prototyp Anfang 1993 wieder in Deutschland ist, bauen Fischer und Matjasic zwei Weslake Motore in den AF-3 Prototypen ein. Der modifizierte Prototyp wird danach als AF-3PA bezeichnet. Die PA-Technologie wird einige Jahre später zugunsten der Hoverwing-Technologie aufgegeben.

Airfish AF-3 Prototyp (131, Fischer Flugmechanik)

Durch die Insolvenz von Rhein-Flugzeugbau fällt 1994 die Produktionsplattform für die AF-3 Serienfertigung weg. Fischer und Matjasic suchen zunächst einen anderen geeigneten Partner und entschließen sich schließlich 1997 dazu, ein eigenes Fertigungsunternehmen, die Airfoil Development GmbH, zu gründen. Das Verhältnis zwischen Bill Russel und Fischer Flugmechanik verschlechtert sich in dieser Zeit auf Grund der fehlenden Bestellmöglichkeiten für den AF-3 drastisch. Russel beginnt daraufhin selbst mit der Weiterentwicklung des AF-3.

Flarecraft L-325

Viele von Russels Kunden sind an einer viersitzigen Variante interessiert. Russel entwickelt daraufhin einen Entwurf auf Basis des Airfish AF-3 mit einer vergrößerten Zelle für vier Personen. Auch Flügel und Leitwerk werden bei diesem Entwurf verändert. Russel stellt den Entwurf als eigenes Produkt unter der Bezeichnung Flarecraft L-324 vor und beginnt 1994 mit dem Bau eines Prototypen. Hanno Fischer betrachtet die L-324 als illegale und nicht abgestimmte Modifikation seines AF-3 Designs. Es kommt zum Abbruch der Zusammenarbeit zwischen Fischer Flugmechanik und Flarecraft. Russel beauftragt schließlich einen Partner in den USA mit dem Bau des Prototypen. Dieser gerät allerdings in wirtschaftliche Probleme, sodass sich die Fertigstellung der L-324 bis zum Herbst 1996 hinzieht. Im Oktober 1996 startet Russel erstmals zu Schwebetests auf der Narragansett Bay in Rhode Island mit seiner L-324. Um Lizenzstreitigkeiten mit Fischer aus dem Weg zu gehen, modifiziert Russel einige wesentliche Elemente des Entwurfs insbesondere im Leitwerksbereich und stellt diese als L-325 vor. Sie ist zusätzlich mit einem Yamaha Waterjet ausgestattet, der das Manövrieren im Wasser erleichtern soll. Die Kabine wird auf fünf Sitze erweitert. Bei der Zulassung der L-325 erkennen die Schiffahrtsbehörden dieses aber als Boot nicht an und begründen dies mit der Größe und Geschwindigkeit, die einen Einsatz in niedriger Höhe ohne Gefahr nicht zulassen. Die Zulassung der L-325 als Flugzeug verwirft Russel , da die luftrechtlichen Anforderungen nur mit enormen wirtschaftlichen Aufwand zu erbringen waren. Später gelingt es Russel, eine spezielle Coast Guard Zulassung für die L-325 zu erhalten.

Flarecraft L-325 Modell (132)

Bei der Erprobung erweist sich die L-325 als zu schwer. Sie erreicht zwar die Schwebehöhe, ist dort aber nur schwer manöverierbar. Die Änderungen am Leitwerk, die vor allem zur Vermeidung lizenzrechtlicher Auseinandersetzung mit Fischer Flugmechanik dienen sollten, machen das Boot außerdem sehr instabil. Dennoch beginnt Russel 1996 mit der Vermarktung der L-325 in den USA. Er rechnet mit einer monatlichen Produktion von fünf Einheiten. Der Stückpreis soll bei 250.000 US$ liegen. Das instabile Verhalten bei Probefahrten überzeugt aber nur wenige potentielle Kunden. Nach dem Unfall einer L-325 auf der Narragansett Bay stellt Russel die Produktion nach nur sieben Booten ein. Zwei weitere Boote verunglücken im Oktober 2000 und August 2001.

Russel kann einige der verbliebenen vier Boot an das U.S. Marine Corps verkaufen. Auch ein Fähr- und Taxidienst auf der Narragansett Bay wird mit der L-325 versuchsweise eingerichtet. Im August 2001 wird eine L-325 von Lockheed-Martin Naval Electronics and Surveillance Systems getestet. Lockheed NESS ist an der Aufnahme einer Serienproduktion interessiert. Nach einem weiteren L-325 Unfall im gleichen Monat zerschlagen sich die Kooperationspläne.

Aus dem illegalen Nachbau des AF-3 bei Flarecraft Corporation entsteht ein dreijähriger Rechtsstreit zwischen Russel und Fischer in den USA. Hanno Fischer gewinnt diesen Rechtsstreit schließlich und untersagt Russel weitere Nachbauten und den Vertrieb von WIGs in den USA. Die Unfallserie der Flarecraft-WIGs hat in den USA aber ohnehin Zweifel an der WIG-Technologie in der Öffentlichkeit aufkommen lassen. Die Flarecraft Corporation wird nach dem verlorenen Prozess geschlossen. Der AF-3 Prototyp geht zurück an Rhein-Flugzeugbau.

Nach der Insolvenz von Rhein-Flugzeugbau wird der Airfish AF-3 zunächst eingelagert und 1997 mit der Insolvenzmasse versteigert. Der AF-3 geht zusammen mit dem X.113 Versuchsträger nach Australien. Heute befindet sich der AF-3 bei Wigetworks in Singapur, wo er künftig als Trainingseinheit für die Ausbildung von AF-8 Piloten genutzt werden soll.

Weitere Lizenzbau-Firmen haben sich bislang für die kleine Sportboot-Variante des Airfish nicht gefunden. Die früheren Lizenzbaurechte von Rhein-Flugzeugbau hält heute Wigetworks in Singapur.

Die Entwicklung des achtsitzigen Airfish AF-8 geht auf eine Anforderung der australischen Flightship Ground Effect Pty. aus Cairns zurück. Sie erwirbt 1997 aus der Konkursmasse von Rhein-Flugzeugbau die Technologiedaten der X.113 Entwicklung, sowie den X.113 Prototypen und die AF-3 Mustermaschine für 12 Millionen DM. Der Flightship-Geschäftsführer John Leslie beabsichtigt in Australien den Aufbau einer Produktionslinie für kommerziell nutzbare Bodeneffekt-Fahrzeuge nach dem Prinzip von Alexander Lippisch.

Leslie übergibt seine Auslegungsspezifikation für das geplante Fahrzeug an Fischer Flugmechanik. Gefordert wird darin der Entwurf eines achtsitzigen Bodeneffekt-Fahrzeugs, sowie der Bau eines Prototypen. Das Fahrzeug soll künftig als Taxiboot zum Einsatz kommen. Hanno Fischer entwirft daraufhin den Airfish AF-8. Die Auslegung der Airfish AF-8 erfolgt nach dem Grundmuster der früheren, kleineren Airfish-Varianten. Die Struktur des Trimaran wird vollständig in Composite-Bauweise ausgeführt. Als Antrieb kommt ein 450PS General Motors V8 Motor zum Einsatz, der wie bei Fischer üblich, hinter der Passagierkabine angeordnet wird und zwei vierblättrige Druckpropeller auf der Oberseite des Rumpfs antreibt. Wie bei allen AF-Varianten hat auch die AF-8 ein Doppel-T-Leitwerk. Als Amphibium verfügt die AF-8 über ein einziehbares Fahrwerk. Die Kabine bietet zwei Piloten und sechs bis acht Passagieren oder bis zu 840 kg Fracht Platz. Die Flughöhe beträgt maximal 3 Meter. Die Reichweite liegt bei 4 Stunden Reisezeit bei einer Geschwindigkeit von 170 km/h.

Leslie fordert für den Aufbau der Serienproduktion in Australien eine Mustermaschine des Airfish AF-8 von Fischer Flugmechanik. Nach der RFB-Insolvenz steht Fischer und Matjasic 1997 aber kein geeigneter Baubetrieb für den Prototypenbau mehr zur Verfügung. Deshalb gründet Fischer 1997 die Airfoil Development GmbH AFD, deren Geschäftsführer Klaus Matjasic wird. Als Kapitalgeber beteiligt sich der Kapitaleigner der Flightship Ground Effect Pty aus Singapur an der AFD, während Hanno Fischer durch die kostenfreie Gewährung von Lizenzrechten zum Bau des AF-8 Prototypen am Unternehmen beteiligt wird. Der Prototypenbau einschließlich Erprobung und Auslieferung an Flightship Pty wird schließlich bei Airfoil Development durch Fischer Flugmechanik 1997 in Auftrag gegeben. Nach Abschluss des Aufbaus des AFD-Betriebs beginnt der Bau des Airfish AF-8 Prototypen 1999 bei Airfoil Development in Deutschland. Nach zweijähriger Bauzeit steht der Prototyp Anfang 2001 zur Erprobung zur Verfügung. Das WIG-Fahrzeug wird ans Markenermeer in Holland überführt.

Airfish AF-8 Erprobung 2001 in Holland (133, Fischer Flugmechanik)

Im Februar 2001 beginnt das 70-stündige Erprobungsprogramm des Airfish AF-8. Der Germanische Lloyd begleitet die Erprobungsphase. Er soll die schiffahrtstechnische Zulassung des Bodeneffekt-Fahrzeugs wahrnehmen. Grundlage dafür sind die Hochgeschwindigkeits-Regularien der International Maritime Organzisation IMO. Im Dezember 2001 ist der Zulassungsprozess abgeschlossen. Der Germanische Lloyd erteilt für den Airfish AF-8 unter der IMO Nr. 9274989 die weltweit erste Zulassung eines Bodeneffekt-Fahrzeugs.

Nach der erfolgreichen Zulassung des Prototypen führt Flightship Pty in Holland die Kundenabnahme des Prototypen durch. Danach wird das Boot 2002 nach Cairns als Mustermaschine für die dortige Produktionslinie überführt.

Flightship
Ground Effect Pty, Australien[33]

In Australien erfolgt der Aufbau der Produktionslinie unter der Bezeichnung Flightship FS-8 Dragon Commuter. Fischer Flugmechanik beauftragt die Airfoil Development GmbH mit der vertragsgemäßen Unterstützung des Produktionsaufbaus in Australien. John Leslie hat inzwischen in Cairns die NQEA-Werftanlage für den Serienbau mit mehr als 100 Mitarbeitern vorbereitet.

---

[33] The Australian Naval Architect, Vol 5, No. 3, Aug. 2001
John Leslie, „Flightship Ground Effect Craft“

Unerwartete Komplikationen treten auf, als die australische Zulassungsbehörde für Schifffahrt die IMO-Zulassung des Germanischen Lloyd in Australien nicht anerkennt. Um den Flightship FS-8 in Australien betreiben zu können, ist ein erneuter Zulassungsprozess durch die Queensland Transport Organisation erforderlich. Unter Beteiligung des Germanischen Lloyd und der Airfoil Development GmbH beginnt die erneute, kosten- und zeitintensive Zulassung in Australien bei der Queensland Transport Organisation. Als überaus zeitaufwendig erweist sich die Forderung nach Vorlage eines Schulungskonzepts für künftige Piloten und Crews, das zusätzlich zu den allgemeinen Wartungs- und Betriebshandbüchern zu erstellen ist.

Flightship FS-8 Dragon Commuter (240, Flightship Pty)

Parallel dazu beginnt John Leslie mit der Vermarktung des Flightship FS-8. Das achtsitzige Boot wird als Taxi- und Schnellfähre zu einem Stückpreis von 700.000 australischen Dollar angeboten. Avisiert wird ebenfalls bereits ein größeres Fahrzeug für bis zu 40 Passagiere. Interessenten für die FS-8 finden sich im Mittleren Osten, im Mittelmeerraum und in Südostasien. Über insgesamt 20 Einheiten steht Flightship Pty 2002 mit Kunden in Verhandlungen. Den Startschuss für die Produktion in Cairns gibt schließlich 2002 die Erstbestellung von vier Einheiten durch das maledivische Fährunternehmen Sunland Transport. Der Launching Customer für die WIG-Produktion will die Bodeneffekt-Fahrzeuge im Shuttle-Service zwischen den maledivischen Inseln einsetzen.

Flightship FS-8 Produktion in Cairns (241/2, Flightship Pty)

Flightship FS-8 Produktion in Cairns, Australien (134, Flightship Pty)

Der Serienbau der ersten vier für Sunland Transport bestimmten FS-8 beginnt bei Flightship Pty. im Januar 2003. Die IMO vergibt für diese vier Boote bereits 2002 die IMO-Nummern 92673-26, -38, -40 und -52. Um die Kundenanforderung nach höherer Nutzlast und Performance erfüllen zu können, ist eine Anpassung der FS-8 Auslegung für die Serienversion erforderlich. Inzwischen beeinträchtigen aber die allgemeinen Verzögerungen bei der Serienaufnahme und die erhöhten Mehrkosten der Zulassung die wirtschaftliche Situation bei Flightship Pty. Da der Eigentümer aus Singapur keine weiteren Mittel zur Verfügung stellt, sind Kosteneinsparungen erforderlich. Leslie beendet daher 2003 die Zusammenarbeit mit Fischer Flugmechanik und Germanischem Lloyd. Den australischen Zulassungsprozess für das Gerät und die Anpassungen am Basisdesign zur Performance-Verbesserung muss das hauseigene Engineering von Flightship Pty. alleine weiterführen. Um die Kundenanforderungen erfüllen zu können, fließen die vorgenommenen Änderungen sofort in den bereits begonnenen Serienbau ein. Die Änderungen erweisen sich aber als gewichtskritisch. Die ersten FS-8 Serienboote sind schließlich fast 800 kg schwerer als die Airfish AF-8 Mustermaschine. Das Übergewicht überschreitet damit die vorgesehene operative Nutzlast des FS-8, der damit nicht flugfähig ist. Auch die AF-8 Mustermaschine ist inzwischen nicht mehr einsatzfähig. Zur Kosteneinsparung wurde während der Modifikation auf Materialbestellungen in Deutschland verzichtet. Stattdessen werden benötigte Teile zur Nachkonstruktion aus der Mustermaschine ausgebaut und danach teilweise in den vier FS-8 Serienmaschinen verbaut. [34]

[34] Aviation Nation.US „Flightship FS-8“

Flightship FS-8 Mustermaschine (245, Flightship Pty)

Als sich im Oktober 2003 abzeichnet, dass keines der vier im Bau befindlichen FS-8 Boote auf absehbare Zeit an Sunland Transport ausgeliefert werden kann und sich die Verbindlichkeiten der Flightship Ground Effect Pty. inzwischen auf 16 Millionen australische Dollar belaufen, muss John Leslie für Flightship Pty. Insolvenz anmelden. Es findet sich kein neuer Investor, der bereit wäre die Verbindlichkeiten von Flightship abzulösen oder das Unternehmen komplett zu übernehmen. Im Februar 2004 erfolgt die Versteigerung des Firmenbesitzes. Hierzu gehören die teilweise ausgeschlachtete Airfish AF-8 Mustermaschine, zwei im Bau befindliche FS-8 Serienmaschinen, der alte RFB X.113 Versuchsträger und der Airfish AF-3 Prototyp. Auch Werkzeuge, Anlagen und Ersatzteile kommen zur Versteigerung, ebenso wie sämtliche Pläne, Zeichnungen und auch die von Fischer Flugmechanik erworbenen Lizenzrechte zur Serienfertigung des Airfish AF-8.[35] Flightship Pty scheint vom Erlös der Versteigerung seine Verbindlichkeiten aufgelöst zu haben. Zumindest existieren um 2010 noch eine Reihe von fiktiven Flightship-Entwürfen, deren Realisierung nicht erfolgte.[36]

---

[35] Flight International 03.02.2004, „Flightship assets go up for auction“

[36] Charterworld.com, 22.12.2011, „Flight – next generation eco-friendly mega yacht tender and aircraft by Flightship International United“

Wigetworks Private Ltd, Singapur

Der Zuschlag geht nach Singapur, wo Kenneth Tan zwei Monate später im April 2004 die Wigetworks Private Ltd gründet. Wigetworks übernimmt das Flightship Inventar und überführt es mit dem AF-3 Prototypen und der X.113 von Cairns nach Singapur. Weder der AF-8 Prototyp noch einer der FS-8 Bauten ist flugfähig. Wigetworks beauftragt AFD in Deutschland mit der Wiederherstellung des Prototypen und der Modifikation der bei Flightship begonnenen FS-8. Airfoil Development beabsichtigt einen Werftbetrieb in Barth an der Ostsee zu übernehmen und die Airfish-Boote dort fertigzustellen. Noch während die Boote und Vorrichtungen aus Singapur auf dem Weg nach Deutschland sind, scheitert das Vorhaben in Barth an politischen Hürden. Boote und Vorrichtungen werden nach Singapur zurückverfrachtet. Bei Wigetworks beginnt man mit Fischer Flugmechanik und Airfoil Development GmbH mit der Wiederherstellung des AF-8 Prototypen. Den Änderungen an der Konstruktion geht ein Reengineering der betroffenen Teile voraus.

Nach zwei Jahren steht der Airfish AF-8 Prototyp im Februar 2007 wieder einsatzfähig zur Verfügung. Zur Erprobung wird die AF-8 im März 2007 nach Sattahip in Thailand überführt. Nur sieben Flüge mit einer Dauer von maximal 7 Stunden reichen, um die Erprobung im April 2007 abzuschließen. Um die Bootszulassung in Singapur zu erreichen, kehrt die AF-8 Anfang 2008 nach Singapur zurück. Vom Changi Airport werden 23 Flüge von bis zu 46 Minuten Dauer im August und September 2008 absolviert. Hochsee-Testflüge finden im November 2008 statt. Im Rahmen der Zulassung legt Wigetworks auch ein Trainingskonzept für die Piloten eines WIG-Fahrzeugs vor, das ab Oktober 2009 bei Singapore Maritime Academy einschließlich Simulator- und praktischem Training mit der AF-3 umgesetzt wird. Nachdem Wigetworks die Auflagen der Maritime and Port Authority of Singapore erfüllt und die Einsatztauglichkeit der AF-8 nachgewiesen hat, erteilt die Behörde am 30. März 2010 für die AF-8-001 unter der IMO Nummer 9274989 die nationale Boots-Zulassung 9V8677. Im August 2010 wird diese Zulassung in das weltweite Lloyd's Register übernommen. Damit erhält weltweit erstmalig und bisher einmalig ein Bodeneffekt Fahrzeug eine maritime IMO Zulassung.

Im August 2010 beginnt der Bau des ersten Pre-Production WIGs PPC-1 bei Wigetworks in Singapur. Ab Oktober 2010 wird der Airfish AF-3 Prototyp in eine Trainerversion umgebaut. Im Oktober 2011 unterzeichnen Wigetworks und CTRM Composite Technology Research Malaysia einen Kooperationsvertrag zur Weiterentwicklung und Serienfertigung der AF-8. Widgetworks übernimmt die

Wigetworks AF-8-001 Prototyp im März 2010 (135, Wigetworks Press Photo)

Wigetworks Airfish AF-8, PPC-1 im Bau bei CTRM, 2014 (136, Wigetworks)

entwicklungstechnische Verantwortung, während CTRM die Serienfertigung im Werk in Batu Berendam aufbaut.[37] Im Oktober 2011 beginnt der Bau des zweiten WIGs PPC-2 bei CTRM. Auch die PPC-1 und der AF-8 Prototyp werden nach Malaysia gebracht. Der AF-8 Prototyp wird dort am 28. August 2012 bei einer Wasserberührung bei starkem Seegang beschädigt. Er wird in Bandar Hilir wieder einsatzfähig gemacht.

Nach fünfjähriger Bauzeit wird der erste Pre-Production Prototyp PPC-1 im September 2015 bei CRTM in Malaysia zu Wasser gelassen. Der Start erfolgt am 4. Oktober 2015 in Malacca. Die Erprobung findet 2016 in Malaysia statt.

---

[37] Aviation & Aerospace News, 27.10.2011, „CTRM Aviation, Wigetworks sign Deal“

Bei Flightship Pty in Australien war die achtsitzige AF-8 / FS-8 Dragon Commuter nur ein Einstiegsmuster in die WIG-Technologie. John Leslie beabsichtigte schon Ende der neunziger Jahre eine zügige Weiterentwicklung zu größeren WIGs, die im kommerziellen Fährdienst eingesetzt werden können. Aus dieser Überlegung entstand die Anforderung für die vierzigsitzige Flightship FS-40 Dragon Clipper. Sie sollte bei einem Startgewicht von mehr als 20 Tonnen über 2000 km Reichweite bei einer Geschwindigkeit von 250 km/h erreichen.

Flightship FS-40 (Flightship Pty, 243)

Hanno Fischer und Klaus Matjasic beschäftigen sich auf Grund der Anforderung von John Leslie mit der Auslegung eines Groß-WIGs. Sie kommen allerdings schnell zu der Erkenntnis, dass die Airfish-Technologie für Boote dieser Größenordnung nicht ausreicht. Ihre Überlegungen führen schließlich zur Hoverwing-Technologie, in der die WIG- und Hovercraft-Eigenschaften wirtschaftlich miteinander verknüpft werden.

Durch den Abbruch der Zusammenarbeit zwischen Fischer Flugmechanik und Flightship Pty 2003 und die nachfolgenden wirtschaftlichen Probleme bei Flightship Pty. wird die FS-40 aber auch als Hoverwing nicht weiter verfolgt.

Airfish-Entwicklungen

Fischer Flugmechanik Airfish Modelle	Airfish AF-1	Airfish AF-2	Airfish AF-3	Airfish AF-3PA	Airfish AF-8	Flight ship FS-8	Flight Ship FS-40
Besatzung	1	1	2	2	8	8	40
Länge	8,50 m	8,50 m	9,90 m	9,90 m	17,22 m	17,45 m	33,50 m
Spannweite	9,50 m	6,80 m	7,50 m	8,50 m	15,16 m	15,60 m	23,40 m
Flügelfläche	m^2	m^2	m^3	m^2	m^2	m^2	
Höhe	2,10 m	2,10 m	2,60 m	2,60 m	3,35 m	4,10 m	5,60 m
Leermasse			560 kg	540 kg	3740 kg	3570 kg	13400 kg
Max. Startmasse	320 kg	580 kg	760 kg	860 kg	4750 kg	4750 kg	20900 kg
Höchstgeschwindigkeit	95 km/h	120 km/h	120 km/h	120 km/h	160 km/h	160 km/h	220 km/h
Gipfelhöhe	0,1 m	0,1 m	0,1 m	0,1	3,00 m	3,00 m	4,00 m
Reichweite			410 Nm	410 Nm	550 km	555 km	1100 km
Triebwerk	1 x 35 PS	1 x 70 PS	1 x 75 PS BMW 1200	1 x 125 PS	1 x 450 PS Chevrolet GM V8	1 x 450 PS GM 6,65l V8 efi	2x 1350 PS PW Gasturbine

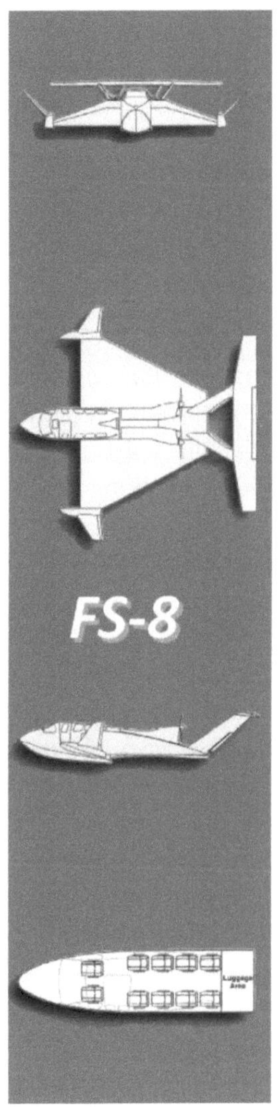
FS-8

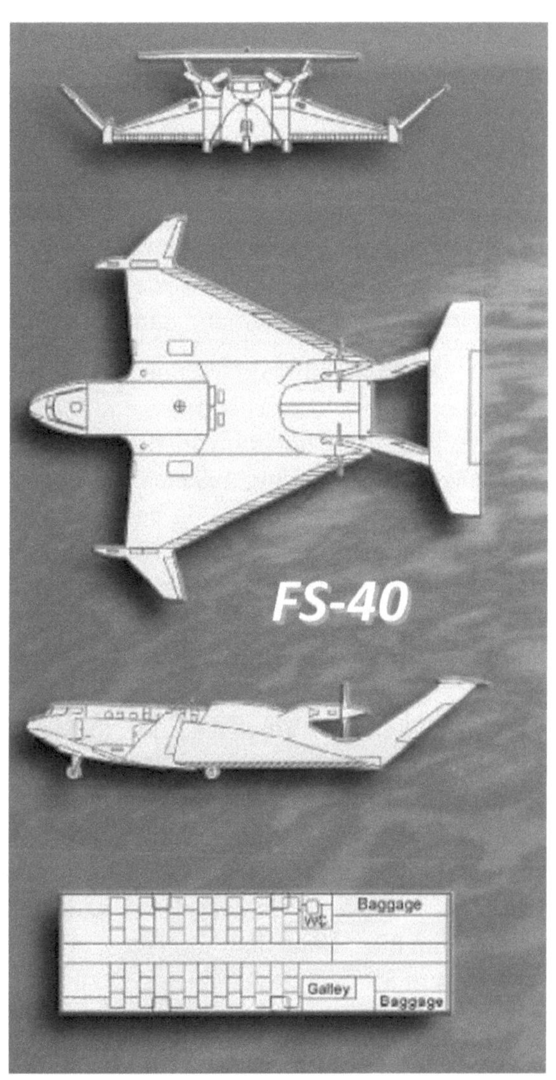
FS-40
Baggage
WC
Galley
Baggage

Ab Mitte der neunziger Jahre beschäftigen sich Fischer und Matjasic mit der Entwicklung größerer WIG-Boote, die als Fähren zum Einsatz kommen sollen. Hierbei entwickelt sich zunehmend der hohe Energiebedarf bis zum Abheben aus dem Wasser zum Problem. Dies führt zur Überlegung, die Möglichkeiten der Hovercraft-Technologie in dieser Startphase zum Einsatz zu bringen. Dabei soll ein Luftkissen zwischen den beiden Katamaran-Rümpfen und einer einfahrbaren Abdeckung am Rumpf und Heck beim Anlaufen aufgebaut werden. Der Aufbau des Luftkissens sollte mit einem Teil des Propellerstroms erzeugt werden. Fischer und Matjasic bezeichnen dieses Prinzip als Hoverwing-Technologie. Der Vorteil dieser Technik besteht darin, dass Hoverwings auch stationär ohne Bewegung schweben können und damit wesentlich besser manöverierbar sind.

Zur Erprobung beabsichtigen Fischer und Matjasic zunächst den Bau eines kleineren, zweisitzigen Versuchsträgers im Maßstab 1:3 unter der Bezeichnung HW2VT. Gemeinsam mit dem Institut für Binnenschiffbau in Duisburg stellt Airfoil Development Anfang 1997 beim Bundesminister für Forschung und Bildung einen Förderantrag zum Bau des Versuchsträgers. Das BMFT bewilligt die Mittel im Rahmen eines größeren Forschungsprojekt „Technische Entwicklung von Bodeneffekt Fahrzeugen – TEBEF“. Hieran beteiligt sind AFD und das Institut für Binnenschiffbau, sowie die Firma Techno Trans in Rostock, die sich um eine Förderung ihres HydroWing VT01 bewarb und der Germanische Lloyd. TEBEF sah den Bau beider Versuchsträger Hoverwing und HydroWing, sowie den anschließenden Vergleich der beiden Technologien vor. Mit den Fördermitteln in Höhe von 2 Millionen Euro entsteht am Institut für Binnenschiffbau nach Vorgabe von Fischer Flugmechanik und AFD der Versuchsträger HW2VT. Zum Aufbau des Luftkissens zwischen dem Katamaran-Rumpf werden beim Start des HW2VT 7% des Propellerstroms unter den Rumpf geleitet. Das entstehende Luftkissen reduziert die Wasserverdrängung des Fahrzeugs um 80%. Nach dem Übergang in den WIG-Betrieb werden die vordere und hintere Schürze der Luftkissen-Abdichtung eingefahren. Gegenüber dem Airfish benötigt der Hoverwing beim Anfahren 45% weniger Energie.[38]

Der Erststart des Versuchsträgers findet am 7. Mai 1997 auf dem Baldeney See in Essen statt. Die Erprobung der Funktionsweise findet 1998 in Holland auf

---

[38] Graham Taylor, „WIG – What Are You Waiting For?“, International Conference on Fast Sea Transport, St. Petersburg, 2005

dem Markenermeer statt. Zur Hochsee-Erprobung wird die HW2VT 1999 an die Ostsee gebracht.[39] Die Erprobung des Versuchsträgers wird nach 3000 Fahrtkilometern und vier Jahren im März 2001 abgeschlossen. Da der Versuchsträger die Erwartungen an die Hoverwing-Technologie bestätigt hat, beginnen Fischer und Matjasic mit dem Entwurf größerer WIGs mit 20, 50, 80 und 120 Sitzen.

Hoverwing HW2VT mit Bugschürze (138, BMBFT Bericht)

Das TEBEF-Programm des BMFT wird nach der Erprobung des Hydrowing und Hoverwing eingestellt. Für den Bau größerer WIGS stehen in Deutschland keine weiteren Fördermittel zur Verfügung. Ein Boot der angestrebten Größe von 20 Passagieren ist für Airfoil Devclopment ohne konkrete Aufträge oder Förderung nicht realisierbar. Fischer und Matjasic suchen in Asien weitere Kooperationspartner für ihr Vorhaben. Einerseits sind dort mit den vielen Inselstaaten die besten Einsatzmöglichkeiten für WIGs zu finden, andererseits wird dort auch nach Alternativen für langsame und veraltete Fährschiffe gesucht. Krankheitsbedingt muss Klaus Matjasic in dieser Phase im September 2005 Airfoil Developement verlassen. Hanno Fischer benötigt weitere drei Jahre um 2008 einen Investor für den Bau eines großen WIG-Bootes in Indonesien zu finden.

[39] TEBEF Phase 3 Hoverwing Abschlussbercht, VBD, Mai 2000

Hoverwing HW2VT in Holland 1998 (139, Fischer Flugmechanik)

Die indonesische PT AGEC Techno in Jakarta interessiert sich 2008 für einen zwanzigsitzigen Hoverwing. Um die Mittel für den Bau eines Prototypen bei Airfoil Development zur Verfügung zu stellen, beteiligt sich die GECAT Corporation, das Mutter-Unternehmen von PT AGEC Techno 2009 an der Airfoil Development GmbH. PT AGEC erwirbt daraufhin von Fischer Flugmechanik die Lizenzrechte am Entwurf der Hoverwing HW20 und bestellt bei AFD einen Hoverwing HW20 als Mustermaschine.

Der Entwurf der HW20 hat ein Startgewicht von 9,5 Tonnen und eine Nutzlast von 3,5 Tonnen. Bei einer Geschwindigkeit von 140 km/h liegt die Reichweite bei 900 km bzw. 5 Stunden Reisezeit. Gemäß der Anforderungen durch PT AGEC muss die HW20 bis zu einem Seegang der Stärke 4 einsatzfähig sein. Das Boot erhält ein Water Drive System für das Manövrieren im Hafen und vorwärts gerichtetes Infrarot Ortungssystem, sowie Echolot. Die Kabine wird mit einer Toilette, Galley und einem Rettungsboot ausgestattet. Vom technischen Aufbau her entspricht die HW20 einer vergrößerten HW2VT mit Katamaran-Rumpf und dem üblichen umgekehrten Deltaflügel. Als Antrieb sind zwei Walter M601D mit je 750 PS vorgesehen. Als Manöverantrieb dienen zwei Honda BF20 Motore, die einziehbar sind.

Entwurf der Hoverwing HW20 (140, Fischer Flugmechanik)

Mit dem Bau des Prototypen wird AFD beauftragt. Nach dem Ausfall von Klaus Matjasic entschließt sich Hanno Fischer aber 2010 zu einer Untervergabe des Baus an die Aerostruktur Faserverbundtechnik GmbH in Gundelfingen. Geplant war eine Fertigstellung bis Anfang 2012. Verschiedene Einflußfaktoren verschieben den Plantermin später auf 2016.

Franz Karnatjan (FKS-Systeme), Hanno Fischer, Peter Heller (Land Niedersachsen) und Wolf Hoffmann (Aerostruktur GmbH) (141, Franz Karnatjan)

Der Geschäftsführer der Aerostruktur Wolf Hoffmann ist an einem Serienbau der HW20 in Deutschland interessiert. Franz Karnatjan von der FKS-Systeme in Burgau beteiligt sich ebenfalls an dieser Idee. Mit Unterstützung des Landes Niedersachen entsteht 2013 in Nordenham die Aero Struktur Maritim GmbH (ASM). Sie soll den HW20 Prototypen nach Fertigstellung bei Aerostruktur übernehmen und die Erprobung betreiben. Ab 2015 plant man in Nordenham dann den Aufbau einer Serienfertigung für den HW20 mit bis zu 200 Mitarbeitern. Den Europa-Vertrieb der HW20 soll FKS-Systeme Burgau übernehmen. Die HW20 wird als Passagier- oder Frachtboot für 2,3 Tonnen Zuladung, als VIP-Boot und militärische Variante angeboten. [40]

Bereits wenige Monate nach Gründung der Aero Struktur Maritime gerät die Muttergesellschaft Aerostruktur GmbH in wirtschaftliche Probleme. Die Arbei-

[40] Augsburger Allgemeine, 04.05.2014, „Mix aus Flugzeug und Schiff"

ten an dem bereits weit fortgeschrittenen Prototypen werden 2014 eingestellt. Im September 2015 wird das Insolvenzverfahren gegen Aerostruktur Faserwerkstoffe GmbH eröffnet. Mitbetroffen ist auch das für die künftige Serienfertigung vorgesehene Tochterunternehmen Aero Struktur Maritim ASM. Die Pläne zum Serienbau und zur Vermarktung in Europa sind damit hinfällig. Aber auch die Fertigstellung des HW20-Prototypen wird durch die Insolvenz gefährdet. Zwar gelingt es Airfoil Development GmbH das im Bau befindliche Boot aus der Konkursmasse zu sichern. Eine Fertigstellung in den leeren Werkstätten der Aerostruktur ohne Mitarbeiter scheint in Gundelfingen nicht mehr möglich.

Hoverwing HW20 Prototyp im Bau bei Aerostruktur in Gundelfingen, 2013
(142, Franz Karnatjan)

Hanno Fischer und der neue AFD-Geschäftsführer Jens Janke entscheiden sich dafür, den Prototypen selbst fertigzustellen. Da die AFD auch in Kempen keine eigene Werkstatt unterhält, entschließt man sich, den Prototypen in den ehemaligen Hallen der Aerostruktur in Gundelfingen fertig zu bauen und hierfür ehemalige Mitarbeiter der Aerostruktur einzustellen. Der Weiterbau unter AFD-Regie läuft 2016 an. Die Fertigstellung des Prototypen ist für 2017 vorgesehen. Anschließend wird AFD die Erprobung des HW20 in der Nordsee durchführen und die Zulassung des Boots durch den Germanischen Lloyd betreiben. Die Auslieferung des Prototypen an PT AGEC Techno ist Ende 2017 oder Anfang 2018 vorgesehen.

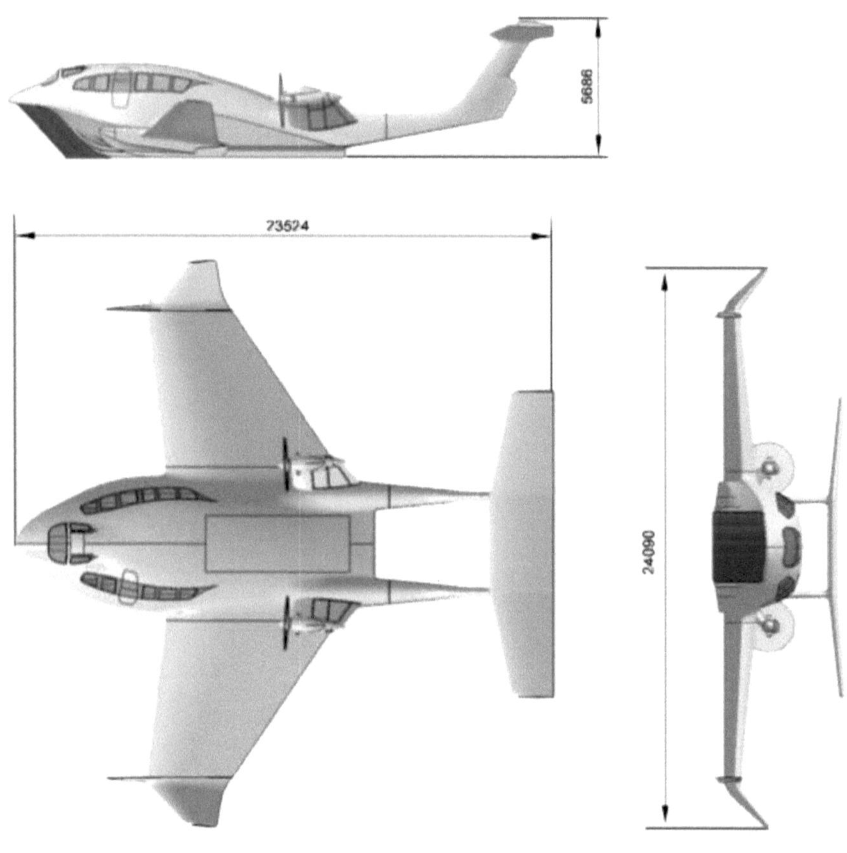

Hoverwing HW20 (143, Fischer Flugmechanik)

Hoverwing HW50
Wingship WSH 500[41]

Der Hoverwing HW50 ist einer von zahlreichen Studienentwürfen, die Hanno Fischer im Anschluss an die erfolgreiche HW2VT Erprobung seit 2001 angefertigt hat. Die HW50 ist im Vergleich zur HW20 mehr als doppelt so groß und ist das erste WIG, das wirklich von seiner Größe her als Schnellfähre geeignet ist.

Für diesen Entwurf interessiert sich 2009 die Wingship Technologies Corporation aus Südkorea. Das Unternehmen wurde im November 2007 mit Unterstützung der südkoreanischen Regierung gegründet und soll die Entwicklung und den Bau von Bodeneffekt-Fahrzeugen in Südkorea betreiben. Bis 2015 stellt die südkoreanische Regierung 12 Millionen US-Dollar für die Entwicklung eines WIG und den Aufbau von Produktionsanlagen zur Verfügung.

Modell des Wingship WSH-500 im Jahr 2009 (144, Wingship Technologies)

Wingship Technologies erwirbt von Fischer Flugmechanik ab 2009 die Lizenzrechte für Hoverwing-Fahrzeuge über 40 Tonnen. Hanno Fischer stellt dazu

---

[41] diverse Press Releases Wingship Technology 2009-2016

seinen HW50-Entwurf zur Verfügung, der Grundlage für den Bau des Wingship-WIG wird. Die Entwicklung der WSH-500 erfolgt durch Wingship Technologies. Für den Bau des Prototypen und die spätere Serienproduktion gründet Wingship Technologies im April 2009 ein Tochterunternehmen Wingship Heavy Industries Corporation.

Während Wingship Heavy Industries in Gunsan-Si bereits im Dezember 2009 die erste von vier geplanten Dockanlagen für den künftigen Serienbau der WSH-500 fertigstellt, führt Wingship Technologies mit Fischer Flugmechanik den Feinentwurf des neuen Flugboots durch. Der erste Entwurf des HW50 stellt lediglich eine vergrößerte HW20 dar. Im weiteren Verlauf verändert sich die Konstruktion allerdings komplett und entspricht schließlich einer vergrößerten Form des kleinen Versuchsträgers HW2VT mit zwei großen Katamaran-Rümpfen auf denen die Kabine aufgesetzt ist.

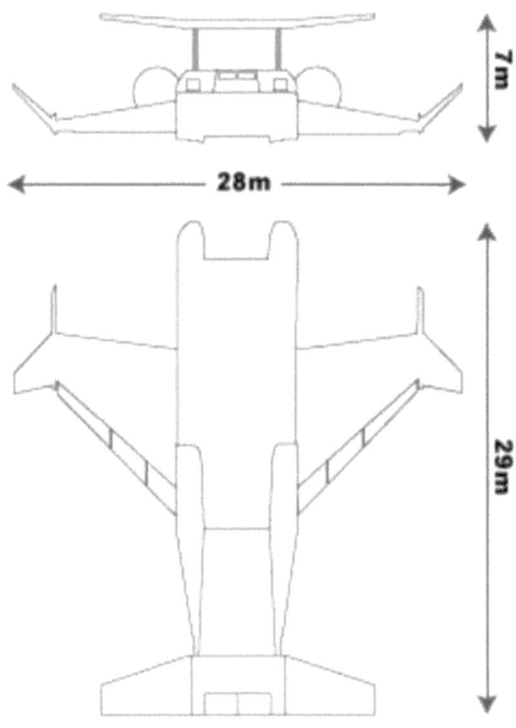

Später WSH-500 Entwurf (145, Wingship Technologies)

Der finale Entwurf der WSH-500 besteht aus einem 17 Tonnen schweren Flugboot, das bis zu 4,4 Tonnen Nutzlast oder 50 Passagiere über eine Strecke von 300 Kilometern mit 180 km/h befördern kann. Als Antrieb kommen zwei 1400 PS starke Turboshaft-Diesel-Motore zur Anwendung. Da die Koreaner wenig Erfahrung in der Verwendung von Faserkunststoffen haben, wird die Konstruktion anders als bei den sonstigen WIGs von Hanno Fischer in Ganzmetall ausgeführt. Ein Übergang zur Kunststoffbauweise ist für spätere Versionen vorgesehen. Der Stückpreis für die WSH-500 wird 2010 mit 4 Millionen Euro in der Basisversion angegeben. Wingship Technologies betrachtet den fünfzigsitzigen WSH-500 nur als Einstiegsmuster. Mittelfristig soll ein 150-sitziges und längerfristig ein 350-sitziges WIG folgen. Um die Hoverwing-Technologie für diese Folgemuster zu sichern, erwirbt Wingship Technologies von Fischer Flugmechanik die exklusiven Rechte für alle Hoverwing-Konstruktionen mit mehr als vierzig Sitzplätzen. Hanno Fischer behält sich lediglich für eine 80-sitzige Version eigene Rechte vor, da er diese in Deutschland bereits mit Fördermitteln des BMFT entworfen hat. Außerdem darf Wingship Technologies Hoverwings für militärische Zwecke, sowie als Frachtboote entwickeln und bauen.

Der Bau des Prototypen beginnt bei Wingship Heavy Industries im November 2010. Am 17. Februar 2011 erfolgt die offizielle Kiellegung des WSH-500 in Gunsan-Si. Bereits im Oktober 2011 ist der WSH-500 Prototyp fertiggestellt. Am 11. Oktober 2011 findet in Gunsan im Beisein von Hanno Fischer der Stapellauf statt und bereits am 24. Oktober beginnen die ersten Erprobungsläufe. Im Dezember 2011 finden die ersten Flüge statt. Es folgt die ausgiebige See-Erprobung und das Zulassungsverfahren durch Lloyds. Am 29. Juli 2011 erteilt Lloyds Register für den WSH-500 Prototypen die Zulassung unter der IMO-Nummer 9590436. Im Verlauf der weiteren Erprobung werden am Prototypen umfangreiche Änderungen durchgeführt. Ausrüstung und Motore werden Ende 2014 zertifiziert, womit die Arbeiten am WSH-500 Prototypen bei Wingship Heavy Industries endgültig abgeschlossen sind.

Nach der Zulassung des Prototypen beginnt Wingship Technologies ab 2012 mit der Vermarktung der WSH-500. Zu Demonstrationszwecken wird im Mai 2013 eine Fährverbindung zwischen Bieunghang in Gunsan und Aewolhang auf Jeju eingerichtet. Dieser Betriebsversuch wird von Ocean Express, einem weiteren Wingship-Tochterunternehmen, durchgeführt. Vertriebspartnerschaften werden mit DSME (Daewoo Shipbuilding & Marine Engineering Co Ltd) in Korea, sowie Pacific Seaflight in Alaska. Auch der Mischkonzern Samsung C&T ist 2012 an der Vermarktung des Wingship interessiert.

Kiellegung des WSH-500 Prototypen in Gunsan (146, Wingship Technologies Press Photo)

Wingship WSH-500 im Mai 2013 (147, Wingship Technologies)

Die koreanische Marine wird im November 2012 der erste Besteller für den WSH-500, weitere Gespräche finden mit einem Betreiber von Ölplattformen und einer Fährlinie in Europa statt. Anfragen gibt es auch für eine VIP-Version der WSH-500. Nach Abschluss des vollständigen Zulassungsprozeß der WSH-500 wird bei Wingship Heavy Industries in Gunsan 2015 die Serienproduktion vorbereitet. Sie soll Anfang 2016 anlaufen. Der Stückpreis beträgt inzwischen 7 Millionen US-Dollar pro Einheit.

Wingship Technoloy arbeitet inzwischen an der WSH-501. Sie entspricht der WSH-500, wird allerdings in Faserkunststoff-Bauweise ausgeführt und damit deutlich leichter als das Aluminiumboot WSH-500 werden.

Auch der Entwurf einer größeren Wingship WSH-1500 ist inzwischen erarbeitet. Dieses WIG wird Platz für 150 Passagiere bieten und soll zunächst ebenso wie die WSH-500 in Aluminium gebaut werden. Eine Planung für die WSH-1500 liegt noch nicht vor. Langfristig beabsichtigt Wingship Technologies den Entwurf von 300- bis 500-sitzigen WIGs.

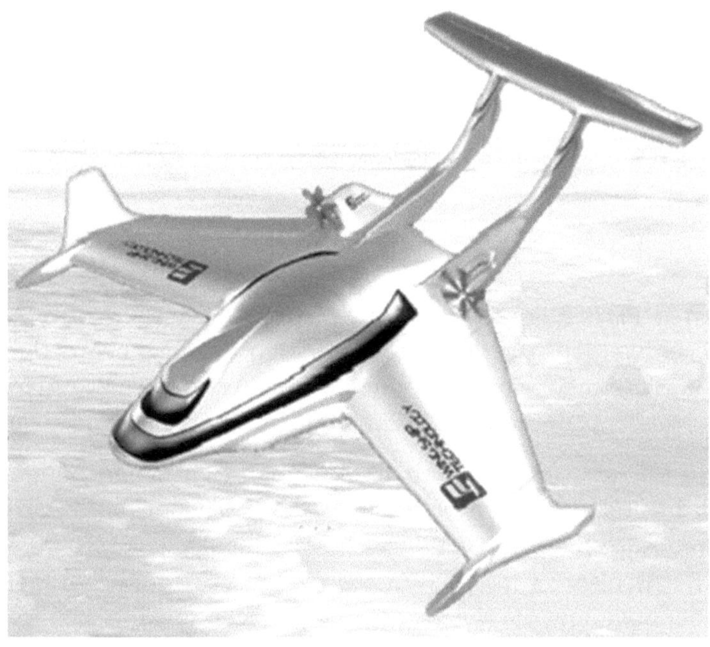

Wingship WSH-1500 (205, Wingship Technologies)

Der Hoverwing HW80 wurde von Fischer Flugmechanik bereits während des BMFT-Forschungsprogramm TEBEF entworfen, um an dieser Konstruktion die Nutzbarkeit des Hoverwing-Konzepts für größere WIGs zumindest theoretisch nachweisen zu können. Gemäß TEBEF-Spezifikation soll der HW80 bis zu achtzig Passagiere über eine Distanz von 800 km mit 180 km/h bei Wellenhöhen von 1,5 Metern transportieren können. Die Frachtversion kann bis zu 10 Tonnen Nutzlast aufnehmen.

Hoverwing HW80 Modell um 2003 (148, Fischer Flugmechanik)

Im Rahmen des TEBEF-Projekts kann die Nutzbarkeit des Entwurfs ausreichend nachgewiesen werden. Da die Förderung durch das BMFT im Rahmen TEBEF aber 2003 ausläuft und keine weiteren Fördermittel für den Prototypenbau zur Verfügung stehen, bleibt die HW80-Entwicklung zunächst auf dem Papier.

Fischer und Matjasic versuchen ab 2003 für den Prototypenbau eine Investorengruppe zu finden, die die notwendigen 20 Millionen Euro zur Verfügung stellen kann. Auch die Ansiedelung des Prototypenbaus in strukturschwachen Regionen Deutschlands wird in Erwägung gezogen. Fischer verhandelt mit dem Land Brandenburg über die Nutzung des ehemaligen sowjetischen Fliegerhorsts in Brandenburg-Briest und bietet den Aufbau von 300 Arbeitsplätzen in einer Serienproduktion des HW80. Letztlich scheitert das Vorhaben an fehlenden Fördermitteln und Investoren.

Nachdem sich mit GECAT aus Indonesien ein Investor für das HW20-Boot gefunden hat, wird der HW80-Entwurf zunächst zurückgestellt. Für den Entwurf der HW50 für die koreanische Wingship Technologies greift Hanno Fischer auf den prinzipiellen Entwurf der HW80 erneut zurück und verkleinert diesen einfach auf einen 50-Sitzer. Obwohl Hanno Fischer bei seinen Verhandlungen mit Wingship Technologies sämtliche Lizenzrechte für seine Entwürfe oberhalb 40 Sitzplätzen an Wingship übergibt, bleibt der HW80 explizit aus dieser Vereinbarung ausgeklammert.

Flyship GmbH

Ulf-Dieter Ulken, der als Mitarbeiter des Germanischen Lloyd mit Hanno Fischer bereits bei der Zulassung der AF-8 zusammengearbeitet hatte, gründet 2004 in Hamburg das Unternehmen Flyship GmbH. Ulken ist auf Grund der Wirtschaftlichkeit ausschließlich am Bau größerer WIGs interessiert und möchte die HW80 bei Flyship produzieren. Ulken rechnet 2007 mit einer dreijährigen Bauzeit und einer Investition von 25 Millionen Euro für den Bau des Flyship 80 Prototypen.

Auf Grund der Bemühungen Ulkens zum Bau eines Groß-WIGs in Deutschland, klammert Hanno Fischer die HW80 und HW100 in den Exklusiv-Verhandlungen mit der koreanischen Wingship zunächst aus. Im November 2008 muss Ulken allerdings mit seiner Flyship GmbH Insolvenz anmelden. Hanno Fischer vergibt daraufhin die Lizenzrechte für die HW80 und HW100 ebenfalls an Wingship in Korea, die nunmehr die exklusiven Rechte für alle WIGs mit mehr als vierzig Plätzen weltweit unterhält.

Ulken bemüht sich trotz Insolvenz weiterhin um einen Investor. Nach Abschluss des Insolvenzverfahrens gründet er 2013 in Hamburg eine Nachfolgegesellschaft der Flyship GmbH unter gleichem Namen als Aktiengesellschaft in Gründung. CEO dieses neuen Unternehmens ist Daniel Schindler. Ulf-Dieter Ulken ist technischer Vorstand. Das Unternehmen verfolgt inzwischen Entwürfe unter den Bezeichnungen Flyship 100 und Flyship 200 auf Basis der Hoverwing-Technologie von Hanno Fischer, für die im Fall eines auftretenden Investors die Fertigungsrechte bei Wingship erworben werden müssen.

Neben dem vom BMFT geförderten Entwurf der HW80 hatte sich Hanno Fischer gleichzeitig mit dem Entwurf der kleinen HW4 für vier Personen beschäftigt. Er entstand 2001 bei Fischer Flugmechanik und folgt in seiner Auslegung exakt dem seinerzeitigen Layout des HW20 und HW80. Dieses kleine WIG ist für Einsätze als Taxi- oder Zubringerboot oder aber auch für militärische oder behördliche (Polizei, Zoll) Einsätze gedacht. Auch die Verwendung als Freizeitboot ist für die HW4 denkbar.

Bislang hat Hanno Fischer für dieses kleine WIG noch keinen Lizenznehmer. Auch Wingship Technologies hat für dieses Boot unter 40 Passagiere bislang keine Lizenzrechte bei Fischer Flugmechanik erworben. Dies dürfte sich ändern, sobald Hoverwings in größeren Stückzahlen im Einsatz sind. Der Hoverwing HW4 bietet sich dann als ideales Trainings-WIG für künftige Hoverwing-Piloten an. Er entspricht lediglich einer verkleinerten Version der großen Hoverwings, wie die HW20 oder die WSH-500 und verwendet die gleiche Technologie und den gleichen Aufbau wie diese großen Hoverwings. Der Umstieg von der kleinen HW4 auf größere Hoverwings wird mit diesem Gerät erheblich vereinfacht.

Entwurf der Hoverwing HW4 nach 2008 (149, Fischer Flugmechanik)

Neben den Projektvorhaben HW80 und HW4 sind bei Fischer Flugmechanik Anfang des Jahrtausends noch eine Reihe weiterer Konzeptentwürfe ausgearbeitet worden. Bekannt geworden ist das 120-sitzige Modell Hoverwing HW-120 mit einer Länge von 40 Metern und einem Startgewicht von 45 Tonnen. Die 200-sitzige Hoverwing HW-200 mit 45 Metern Länge und einem Startgewicht von 75 Tonnen ist das derzeit größte, vorgestellte WIG bei Fischer Flugmechanik. Die exklusiven Rechte an diesen Entwürfen hat aber inzwischen Wingship Technologies. Zur weiteren Lizenzvermarktung stehen diese Entwürfe daher nicht mehr zur Verfügung.

Mit dem Airfish AF-8 bei Wigetworks in Singapur und der WSH-500 bei Wingship in Korea stehen Anfang 2016 mindestens zwei WIG-Entwicklungen von Hanno Fischer technisch kurz vor Beginn der Serienfertigung. Es bleibt zu hoffen, dass der HW20-Prototyp für PT AGEC in Indonesien in Kürze folgt. Erst mit dem Start einer potentiellen Serienfertigung wird sich zeigen, ob die WIG-Technologie mit ausreichender Wirtschaftlichkeit und Zuverlässigkeit im Markt positionierbar ist.

Hanno Fischer hat in 45 Jahren die technologischen Voraussetzungen hierfür geschaffen. Mit einer 3-5 fach höheren Reisegeschwindigkeit gegenüber herkömmlichen Schiffen, dem etwa 50% geringeren Leistungs- und damit Kraftstoffbedarf gegenüber herkömmlichen Flugzeugen und einem weitgehend beschleunigungsfreien Reiseflug mit hohem Reisekomfort für die Passagiere füllt die Hoverwing-Technologie eine breite Lücke zwischen billigen aber langsamem Schiffsverkehr und schnellem und teuren Luftverkehr. Die erfolgreiche Markterschließung hängt nun von den künftigen Herstellerbetrieben ab. Ihre Produkte müssen einerseits die hohen Qualitätsanforderungen einer stabilen und sicheren Operation erfüllen. Andererseits müssen sie aber auch zu konkurrenzfähigen Preisen im Vergleich zu herkömmlichen Transportgeräten verfügbar sein, damit diese Technologie auch für kleine Betreiber erschwinglich wird und somit eine Mengennachfrage generieren. Gelingt dies, dürften WIG-Fahrzeuge Dank ihres Geschwindigkeits-Vorteils, ihrer günstigen Betriebskosten und des Reisekomforts in den nächsten Jahren zügig in das Segment der heutigen Transportsysteme eindringen. Zu hoffen bleibt natürlich auch, dass die in Deutschland entwickelte WIG-Technologie ihren Weg über die Vorreiterregion Asien wieder zurück in einen Produktionsbetrieb in Europa findet.

Hoverwing-Entwicklungen

Fischer Flugmechanik Hoverwing	HW 2VT	HW 4	AGEC HW 20	Wing ship WSH 500 (HW 50)	Wing ship WSH 1500	HW 80	HW 120	HW 200
Besatzung	2	4	3+20	3+47	16000 kg	2+80	4+120	6+200
Länge	11,50 m		23,50 m	29,10 m	43,00 m	34,60 m	39,60 m	46,90 m
Spannweite	11,00 m		24,10 m	27,20 m	43,00 m	31,90 m	36,50 m	43,30 m
Flügelfläche	m²		m²					
Höhe	2,80 m		5,70 m	7,50 m	7,50 m	10,00 m		
Leermasse	1100 kg		6504 kg	11561 kg		22000 kg		
Max. Start-masse	Kg		9500 kg	17132 kg	18000 kg	30214 kg	45320 kg	75500 kg
Geschwindig-keit	140 km/h		190 km/h	95 kts	200 km/h	207 m/h	107 kts	120 kts
Gipfelhöhe	M		10 m	5 m	5 m			
Reichweite			900 km	1000 km	km	800 km		
Triebwerk	1 x 100 PS		2 x 750 PS Wal-ter M601	2 x 1400 PS		1511 kW		

Anhang

Periode	Geschäftsführer	Gesellschafter
1956 – 1961	Oskar Steinbach	Deilmann, Käther, Steinbach
1961 – 1968 *)	Theo Meyenburg	Deilmann
1968 – 1970 *)	Wolfgang Kutscher	VFW, Deilmann
1970 – 1981	Wolfgang Kutscher	VFW
1981 – 1988	Wolfgang Kutscher	MBB
1988 – 1989	Alfred Schneider	MBB
1989 – 1991	Alfred Schneider	DASA
1991 – 1992	Gerhard Seeger Albert Blum	ABS International
1992 – 1994	Norbert Frentzen Albert Blum	ABS International
1996 – 2006? **)	Hartmut Stiegler	

*) Geschäftsführung in der Übergangszeit 1968/70
möglicherweise war Theo Meyenburg bis 1970 Geschäftsführer

**) 1997 wurde das Insolvenzverfahren gegen RFB eröffnet.
Hartmut Stiegler führt 2006 die Löschung im Handelsregister aus

Periode	Beteiligung	Bemerkungen
???? – 1989 *)	E.M.F. Elektromechanischer Fluggerätebau GmbH, Hamburg	Ab 1981 RFB-Zweigniederlassung 1989 als eigenständiges Unternehmen aus RFB ausgegründet und übernommen durch DASA
1968 – 1992	Sportavia Pützer KG, Dahlemer Binz	Ab 1981 RFB-Zweigniederlassung 1992 als eigenständiges Unternehmen ABS Aircraft GmbH aus RFB ausgegründet und verkauft an ABS Aircraft AG in der Schweiz
1963 – 1994	LFU Leichtflugtechnik Union GmbH, Bonn	Zunächst Beteiligungsbetrieb von Pützer, Bölkow und RFB, später 100% Tochterbetrieb von RFB
1991 – 1994	W+S Wartung und Service Airline GmbH, Mönchengladbach	Auslagerungsbetrieb für das RFB-Wartungsgeschäft

*) vermutlich seit 1966

Periode	Partnerbetrieb	Bemerkungen
1997 -	AFD Airfoild Development GmbH, Kempen	Lizenznehmer zum Prototypenbau von Fischer Hoverwing- und Airfish-Entwicklungen
1989 – 1994	Rhein-Flugzeugbau GmbH, Mönchengladbach	Lizenznehmer für Serienfertigung der Airfish AF-3
1989 – 1993	Flarecraft Corporation (vorm. GECC), Florida	AF-3 Vertriebsunternehmen für den U.S.-Markt, später illegale AF-3 Nachbauten ohne Lizenz
1997 – 2003	Flightship Pty., Cairns	Lizenznehmer für Serienfertigung der Airfish AF-8
1997 – 2001	Institut für Binnenschiffbau, Duisburg	Bau des HW2VT für AFD ohne Lizenzvereinbarung mit Fischer Flugmechanik
2004 -	Wigetworks Private Ltd., Singapur	Lizenznehmer für Serienfertigung der Airfish AF-8
2004 – 2008 2013 -	Flyship GmbH, Hamburg Flyship AG	Geplanter Lizenznehmer für Serienfertigung des Hoverwing HW80
2008 -	PT AGEC Techno, Indonesien	Lizenznehmer für Serienfertigung des Hoverwing HW20
2009 -	Wingship Technology Corporation, Südkorea	Lizenznehmer für Serienfertigung des Hoverwing HW50, später aller WIGs mit mehr als 40 Tonnen

Periode	Partnerbetrieb	Bemerkungen
2010 - 2015	Aerostruktur Faserverbundtechnik GmbH, Gundelfingen	Bau des HW20 Prototypen für AFD ohne Lizenzvereinbarung mit Fischer Flugmechanik
2011 -	CTRM Composite Technology Research Malaysia	Fertigungsbetrieb für Wigetworks, Singapur, keine Lizenzvereinbarung mit Fischer Flugmechanik
2013 – 2015	ASM Aerostruktur Maritim GmbH, Nordenham	Geplanter Serienbaubetrieb für Hoverwing HW20

Luftfahrt-Patente
von Hanno Fischer und RFB

Die nachfolgende Patentübersicht enthält die luftfahrttechnischen Patente von Hanno Fischer, sowie sonstige bekannte Patente, die auf Mitarbeiter der Rhein-Flugzeugbau GmbH und Fischer Flugmechanik ausgestellt wurden. Ausgewählte Patente von Alexander Lippisch, Günther Jörg und Alfred Blum wurden aufgenommen, soweit sie mit Tätigkeiten bei Rhein-Flugzeugbau in Verbindung stehen. Angegeben ist jeweils das Datum der Patenteinreichung und soweit bekannt, das Datum des Auslaufens des Patentes.

16.01.1952	DE937744C Hanno Fischer	Segelflugzeug mit innenliegendem Hilfsmotor
05.09.1956	DE1034037B Hanno Fischer Bernhard Schulze-Wilmert Rhein West Flug Fischer	Motorflugzeug mit T-Leitwerk
16.10.1958	DE1096761 Hanno Fischer Rhein-Flugzeugbau	Flugzeug mit einer Luftschraube in einem Ringflügel
23.07.1960	DE1219807B Hanno Fischer Oskar Steinbach Rhein-Flugzeugbau	Einrichtung zur Verbesserung des Wirkungsgrades einer in einem Tunnel umlaufenden Antriebsluftschraube für Flugzeuge
17.08.1962	DE1860789 Rhein-Flugzeugbau	Leichtbauplatte als Bauelement für im zerlegten Zustand transportable Kleinhäuser

09.04.1964	DE1895821U Rhein-Flugzeugbau	Profilierter Zaunpfahl
10.12.1964	DER0029670U Rhein-Flugzeugbau	Leichtbauplatte als Bauelement
07.10.1966	DE1506089A1 Hanno Fischer Rhein-Flugzeugbau	Flugzeug, insbesondere Motor-Segelflugzeug, mit Luftschraubenantrieb
17.02.1967	DE1506090A1 Hanno Fischer Rhein-Flugzeugbau	Abwurfkörper für Flugzeuge
12.07.1968	DE6610559U Rhein-Flugzeugbau	Sandwich-Platte für den Flugzeugbau
17.07.1968	DE1756810A1 Heinrich Malczewski Rhein-Flugzeugbau	Verfahren und Vorrichtungen zum Herstellen von Bauteilen, insbesondere für den Flugzeugbau, in Sandwich-Bauweise
07.08.1968	DE1756947A1 Hanno Fischer Rhein-Flugzeugbau	Bojenförmiger Schwimmkörper aus Kunststoff zur Fahrwassermarkierung für Schiffe
26.08.1968	DE1781112A1 Hanno Fischer Rhein-Flugzeugbau	Flugzeug, insbesondere Segelflugzeug, mit einem ummantelten Luftschraubenhilfsantrieb Auch US3563500A
7.12.1968 Abgelaufen: 09.07.1987	DE1813311B1 Alexander Lippisch Auch US3627235	Tragfluegelanordnung für Fahrzeuge auf Land, See und in Luft

09.05.1969 Abgelaufen: 27.03.1980	DE1923862A1 Hanno Fischer Rhein-Flugzeugbau	Antriebsaggregat für Land-, Luft- und Wasserfahrzeuge, insbesondere Flugzeuge
09.05.1969 Abgelaufen: 15.01.1981	DE1923834A1 Günther Jörg VFW	Kraftangetriebenes oder geschlepptes durch Stauluft getragenes Fahrzeug
12.08.1970	DE2040016A1 Hanno Fischer Rhein-Flugzeugbau	Leichte Rumpfbauteile mit verklebten Blechbeplankung, PVC-Schaum und verstärkten Plastik-Layern
01.08.1972 Abgelaufen: 31.10.1979	DE2237709A1 Günther Jörg VFW	Schwimmer für Bodeneffektfahrzeuge
09.08.1974 Abgelaufen: 11.03.1982	DE2438307A1 Dietmar Schönfelder Rhein-Flugzeugbau Auch US4159086 Auch CA1018141A	Tragfluegelausbildung für Staufluegelfahrzeuge
20.09.1974 Abgelaufen: 09.12.1982	DE2445013C3 Hanno Fischer Heinrich Malczweski Rhein-Flugzeugbau	Segelflugzeug mit einziehbarem Propeller bzw. Antriebsaggregat mit Mantelschraube
25.11.1974 Abgelaufen: 15.12.1988	DE2455687A1 Hanno Fischer Rhein-Flugzeugbau	Stark beschleunigende, unbemannte, ferngesteuerte Flugmodelle mit zentraler rotierender Kontrolleinheit zur schnellen Richtungsänderung

19.12.1974 Abgelaufen: 25.02.1988	DE2460118A1 Günther Jörg VFW	Staufluegelfahrzeug
26.02.1975 Abgelaufen: 11.12.1980	DE2508205A1 Hanno Fischer Rhein-Flugzeugbau	Variable Geometrie für Schwimmer von Hydrofoils oder Seeflugzeugen
18.02.1976 Abgelaufen: 07.04.1983	DE2606405A1 Günther Jörg VFW	Stauflügelfahrzeug
13.09.1975 Abgelaufen: 09.09.1993	DE2540847A1 Hanno Fischer Rhein-Flugzeugbau	Hochgeschwindigkeits Hovercraft mit zusätzlichem Auftrieb durch Umlenkklappen für den Schubstrom unter das Fahrzeug
27.10.1975 Abgelaufen: 07.10.1993	DE2547945A1 Hanno Fischer Rhein-Flugzeugbau	Leichte Flügel für Oberflächen-Gleiter mit abnehmbarem Rahmen und flexibler Flügelabdeckung zur Dämpfung von Welleneffekten
18.03.1976	DE2611435A Rhein-Flugzeugbau	Float for water surface hydrofoil – has float set under fuselage in front of wings to use bow wave to shield wings

04.06.1976 Abgegeben: 01.04.1982	DE2625111A1 Dr. Hans Karl Leistritz Hanno Fischer	IC engine driven shrouded propeller – has exhaust afterburner arranged centrally in downstream shroud extension Nutzung im Rahmen DE19600679B4 vom 10.01.1996 „Schubtriebwerk für Flugzeuge mit Verbundzyklus“ durch Rolls-Royce, Derby
18.06.1976 Abgelaufen: 16.09.1993	DE2627389A1 Hanno Fischer Rhein-Flugzeugbau	Flap controls for surface skimmer – positions flaps interlocked with wing flaps to control transit phase to air cushion hovering
11.08.1976 Abgelaufen: 06.10.1994	DE2636056A1 Hanno Fischer Rhein-Flugzeugbau	Sound reduction device for ducted fan – has curved leading edge on blades to break up resonance points.
10.02.1978	US4120468A Hanno Fischer Rhein-Flugzeugbau	Remotely piloted vehicle
15.04.1978 Abgegeben: 07.05.1992	DE2816439A1 Hanno Fischer	Aerial towed target balloon with collapsible envelope – is filled with hit indicating coloured gas and sinks to ground slowly Patent setzt auf DE1120283B von Knut Olof Bülow „Luftschleppzielvorrichtung“ vom 1.12.1959 auf
20.11.1978	DE2850220C2 Rhein-Flugzeugbau	Ohne Titel

27.01.1979 Abgelaufen: 17.01.1994	DE2903166A1 Horst Frosch Peter Riedel Rhein-Flugzeugbau/ EMF	Schlepphörper als Festkörper
25.04.1980	DE3015926A1 Horst Frosch RFB und EMF	Schleppkörperanordnung
17.11.1983 Abgelehnt: 18.05.1989	DE3341549A1 Franz Diekmann Rhein-Flugzeugbau	Luftschleppzielanordnung Auch US4659034
01.08.1984 Abgelaufen: 16.06.1988	DE3522146A1 Albert Blum	Air Cushion Vehicle
18.02.1986 Abgelaufen: 17.02.1994	DE3605086A1 US4795308A, EP0233501B1 Hano Fischer Siegfried Hosemann Rhein-Flugzeugbau	Configuration of propellers, shrouded propellers and/or fans to decrease the noise of and the cyclic loads on the blades
18.02.1986 Abgelaufen: 13.02.1992	DE3605087A1 Hanno Fischer Rhein-Flugzeugbau	Arrangement for attacking he-licopters
12.04.1986 Abgelaufen: 13.04.1995	DE3612352A1 EP0232762A1, US4805159 Helmut Negendank Reinhard Wedekind Rhein-Flugzeugbau	Anordnung zur akustischen erfassung von geschossbahnen und zur ermittlung des kuerzes-ten abstandes geschoss / ziel

19.01.1988 Abgelaufen: 13.01.1994	DE3801353C1 Hanno Fischer Karl-Heinz Gronau Rhein-Flugzeugbau	Luftschraube für Flugzeuge (Türkensäbel) Auch US4863351
27.06.1988 Abgelehnt: 05.08.1992	DE37223487A Günther Jörg	Endscheibe für Stauflügelboot
28.04.1989 Abgelaufen: 13.04.1995	DE3914179 US5072428 Herwig Fischer Klaus Matjasic	Verfahren zur ermittlung der trefferablage beim beschuss von uebungszielen
12.08.1989 Abgelaufen: 10.09.1992	DE3926771A1 Hanno Fischer Rhein-Flugzeugbau	Towed target aircraft – comprises sack material airtight from acoustic sensor mounting to air inlet upstream
09.11.1989 Abgelaufen: 10.11.1994	DE3937240A1 Albert Blum (ab 1993 Klaus Blum)	Ground Effect Vehicle
04.04.1990 Abgelaufen: 13.04.1995	DE4010877A1 EP04050514B1 CA2039680A1 Hanno Fischer Rhein-Flugzeugbau	Stauflügelboot
28.03.1991	EP0405514A1 Hanno Fischer Rhein-Flugzeugbau	Ground-Surface-Effect Wing Plane
03.04.1991	JPH04228353 Hanno Fischer Rhein-Flugzeugbau	RAM-Wing Boat .

10.05.1991 Abgelaufen: 09.05.1996	DE4115254A1 Albert Blum (ab 1993 Klaus Blum)	Propeller driven ground effect vehicle - uses flap to deflect flow of air from fan around vehicle hull
31.03.1992 Abgelehnt: 07.03.1996	DE4210584A1 Albert Blum	Ground Effect Vehicle
04.02.1993 Abgelaufen: 04.05.2000	DE4303194A1 Hanno Fischer Klaus Matjasic	Verfahren und Vorrichtung zur Beschußwarnung von Luft-, See- oder Landfahrzeugen und Abstandsmessung vorbeifliegender Geschosse
25.02.1993 Abgelaufen: 19.02.2014	DE4405152A1 Klaus Matjasic Fischer Flugmechanik	Ground Effect Vehicle
30.01.1985 Abgelaufen: 05.06.1997	DE19502766A1 Klaus Blum Albert Blum	Ground Effect Vehicle .
14.09.1996 Abgelaufen: 11.10.2001	DE19637544 Hanno Fischer Klaus Matjasic Fischer Flugmechanik	Ground Effect Vehicle Auch US6230835B1, EP0925215A1, WO1998010968A1

12.09.1997	DE59701418 Hanno Fischer Klaus Matjasic Fischer Flugmechanik	Bodeneffektfahrzeug
15.12.1998 Abgelaufen: 21.10.2004	DE19857749A1 Klaus Matjastic Auch WO2000035730A1	Airfoil and ground effect vehicle .
10.08.2010	DE102010033889A1 Hanno Fischer Herwig Fischer	Grenzschichtebeeinflussung in Rotoren
18.09.2012 Abgelaufen: 26.09.2013	DE102012018499A1 Hanno Fischer Herwig Firscher Innovative Dragon Ltd.	Propulsion system and the resulting overall design of aircraft Auch WO2014044564A1, US20150210380, CN104507798A

In diesem Angang erfolgt die Zusammenstellung der gebauten Flugzeuge und Bodeneffekt-Fahrzeuge, die aus Entwürfen von Hanno Fischer zwischen 1956 und heute entstanden sind. Gebaut wurden diese Geräte bei (Stand Okt. 2016):

- Gomolzig, Wuppertal — 02 x RW-3 Prototypen
- Bölkow, Pützer, RFB — 01 x LFU-205 Versuchsträger
- Rhein-Flugzeugbau — 25 x RW-3 Serienflugzeuge, davon 4 unf
02 x RF-1 Versuchsträger, davon 1 unf.
02 x RFB Sirius Versuchsträger
02 x RFB Fanliner
02 x RFB Fantrainer AWI, ATI
04 x RFB Fantrainer FT-400, FT-600
01 x RFB X.113 Versuchsträger
01 x RFB X.114 Versuchsträger
01 x FF Airfish AF-3 Prototyp
- Royal Thai Air Force — 42 x RTAF Fantrainer Montagen, unfertig
- Fischer Flugmechanik — 01 x FF Airfish AF-1/2 Prototyp
- Airfoil Development — 01 x FF Airfish AF-8
01 x FF Hoverwing HW20
- Aerostruktur Faserkunststoff — 00 x FF Airfish AF-8 (Feritgstellung bei AFD)
- Institut Binnenschiffahrt, DU — 01x FF Hoverwing HW2VT
- Flightship Pty, Australien — 04 x Flightship FS-8, nicht fertiggestellt
- Wigetworks, Singapur — 01 x FF Airfish AF-8
- CTRM — 01 x FF Airfish AF-8
- Winghship Heavy Industry — 01 x Wingship WSH50 (HW50)

Illegale Nachbauten und Kopien von X.113 in Russland und im Iran, sowie des Airfish AF-3 durch Flarecraft in den USA sind hierin nicht enthalten. Ebenso fehlen drei Fanranger / Ranger 2000, die bei MBB in Manching entstanden sind

Rhein-Westflug RW-3 Produktion

WNr	Typ	Zulassung	Datum	Bemerkung
RWF 1	RW-3a RW-3a	D-EJAS D-EJAS	07.09.1955 22.06.1956	Gebaut bei Gomolzig, Erstflug Wahn Bodenberührung in Hangelar durch Pilotenfehler bei Kunstflugvorführung  (150, RWF-Werbebrochüre)
RWF 2	RW-3a RW-3M RW-3a RW-3a	D-EKUM D-EKUM D-EKUM D-EKUM	08.11.1956 1986 Apr. 2003 2016	Gebaut bei Gomolzig, Erstflug Nörvenich Umbau Whisper-Fan, RW-3M Rückbau mit 115PS Rotax 914 Flugfähig in Mönchengladbach  © RuthAS (Wikimedia Commons), (151) D-EKUM auf Pariser Aero Salon 1957

WNr	Typ	Zulassung	Datum	Bemerkung
RFB 001	RW-3	D-ELYT D-ELYT PH-OEN PH-OEN	08.02.1958 27.03.1958 18.07.1961 20.12.1965	Erste RFB-Serienmaschine, Erstflug Erstauslieferung oder 10.59 Phoenix Air Service NV, Rotterdam Landeunfall Rotterdam, zerstört  © Nico Terlouw, Zestienhoven, 1961 via Wim Zwakhals  © Nico Terlouw, Zestienhoven, 1962 via W. Zwakhals
RFB 002	RW-3-P65	D-EMAZ D-EMAZ	Mai 1959 07.10.1973	Zulassung Abgeschrieben nach Unfall
RFB 003	RW-3-75	D-ELOR OY-ADZ OY-ADZ	1958 15.05.1960 Unbek.	Erstflug (andere Quellen: 03.60) Zugelassen in Dänemark Absturz bei Naksov (DK) auf Route Beldringe nach Naksov nach Herzschlag des Piloten  © RFB, (154)

WNr	Typ	Zulassung	Datum	Bemerkung
RFB 004	RW-3	D-EDEV D-EDEV	Aug. 1959 Jan. 1966	Erstflug Stillgelegt und eingelagert
RFB 005	RW-3	D-EFUP D-EFUP D-EFUP D-EFUP D-EFUP	Aug. 1958 Feb. 1959 25.02.1966 Mai 1984 2005	Erstlfug D. Diepmann, Mönchengladbach Stillgelegt Reaktiviert Noch in Papenburg  © Peter Bakema, (155, GNU 1.2) D-EFUP in Leer-Papenburg, 2005
RFB 006	RW-3			Keine Informationen, vermutlich ins Ausland verkauft
RFB 007	RW-3			Keine Informationen vermutlich ins Ausland verkauft
RFB 008	RW-3	D-ELIL LV-PMD	1959 1959	 Verkauft nach Argentinien

WNr	Typ	Zulassung	Datum	Bemerkung
RFB 009	RW-3 RW- 3-P75	D-ELOL D-EIFF D-EIFF D-EIFF D-EIFF	1959 Jun 1959 1971 Jul 1995 1996	(möglicherweise falsch) DFVLR An privat verkauft Abgestellt Technikmuseum Berlin Ausstellung  © Wim Zwakhals, Texel, 25. August 1990 (156)  © Smolik (Wikimedia Commons), (157) D-EIFF im Technikmuseum Berlin, 2016
RFB 010	RW- 3A- P75	D-???? N4949E N4949E	Unbek. 15.05.1968 06.04.1969	Kein Vorinformation bis 1968 J.M. Scott Ardmore, OK, USA Startunfall durch Motorausfall in Morriton, AR, Pilot getötet, am 25.09.71 gestrichen
RFB 011	RW- 3-P75	D-EBEV D-EBEV	Jul. 1957 Jan. 1966	Erstflug (?) Zulassung gestrichen
RFB 012	RW-3			Keine Informationen, vermutlich ins Ausland verkauft
RFB 013	RW-3			Keine Informationen, vermutlich ins Ausland verkauft
RFB 014	RW- 3-P75	D-EBUV	Okt 1959	Unfall in Deutschland

WNr	Typ	Zulassung	Datum	Bemerkung
RFB 015	RW- 3-P75	D-EBYV D-EBYV N1277 N1277	Feb. 1961 Dez. 1966 20.06.1968 04.03.1994	Erstflug Registrierung gestrichen R. Beeson, Palo Alto, USA abgestellt
RFB 016	RW-3			Keine Informationen, vermutlich ins Ausland verkauft
RFB 017	RW- 3-P75	D-EDEW D-EDEW N1960G N1960G	22.07.1960 09.08.1966 05.12.1966 03.08.1985	Erstflug Registrierung gestrichen V.F. Breis, San Diego, USA abgestellt  **© San Diego Air and Space Museum Archive, N1960G auf Gillespie Field Airpor (246)**
RFB 018	RW- 3b- P75	D-EDIW D-EDIW	Jun 1961 01.04.1962	Erstflug Absturz Klausheide bei Nordhorn beim Überziehen während einer Luftkampf-Simulation (BFU-Bericht 831-0401/62)
RFB 019	RW- 3-P75	D-EDUW N111ZZ N111ZZ	Jul 1961 16.01.1982 Unbek.	Erstflug (lt. FAA 1960 gebautß), 1970 geparkt Export nach Palmyra, PA, USA Abgestellt
RFB 020	RW-3	D-EDYW D-EDYW	Aug. 1961 14.04.1964	Erstflug Unfall Egnach, CH, berührt Telefonleitungen bei Notlandung wegen leergeflogener Tanks über Bodensee (BFU-Bericht 811.3-2/64)
RFB 021	RW-3			Keine Informationen vermutlich ins Ausland verkauft

WNr	Typ	Zulassung	Datum	Bemerkung
RFB 022	RW- 3-975	D-EJYW D-EJYW	Mai 1964 Aug 1966	Zulassung Verkauf, keine weitere Informationen  © RuthAS (Wikimedia Commons), (158)
RFB 023 auch AB 601	RW- 3-P75	D-EFTU D-EFTU D-EFTV D-EFTV D-EFTV	Jan. 1965 1970 Jun 1975 10.06.1979 2012	Gebaut beim Aero Club Essen-Mühlheim Abgestellt Reaktiviert mit neuer Zulassung Abgestellt CoA ausgelaufen Luftfahrtmuseum Laatzen, Restaurierung 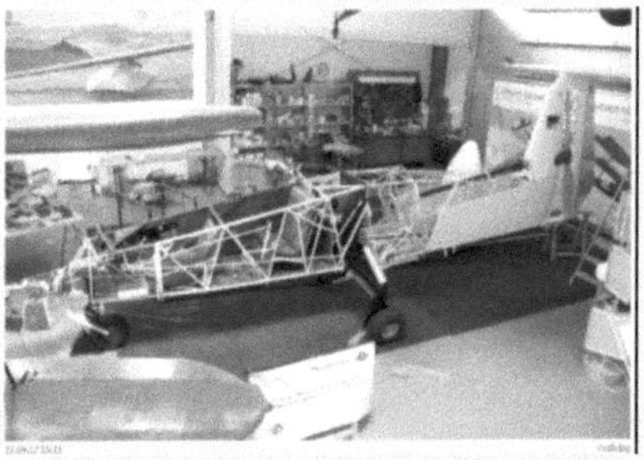 *© Christoph West (FlugzeugForum.de), Laatzen 2012*
RFB 024 auch 091	RW- 3C-90	D-ELYL D-ELYL D-ELYL	Mai 1960 Aug. 1961 Vor 1979	Prototyp „Passat“ 24. Aero Salon Paris zur Ausstellung Abgestellt  (RFB), (160

WNr	Typ	Zulassung	Datum	Bemerkung
RFB 025 auch 092	RW-3C-90	D-E???	1961	Vermutlich nicht mehr fertiggestellt
UBK	RW-3	D-EBIV		Abgestellt vor 1979
UBK	RW-3-P75	D-EFUB		1997 in Mönchengladbach? vermutlich D-EFUP, WNr.005
UBK	RW-3-P75	HK-803	25.03.1959	Absturz bei Bolivar, Kolumbien in nebligem Wetter auf der Strecke von Barrancabermeja nach Bogota. Besatzung Hans Korner und Rafael Lievermann getötet. Quelle: El Tiempo 6. April 1959 Seite 1+22, sowie 8. April 1959, Seite 12
UBK	RW-3	N88979		Keine weiteren Information, abgestellt vor 1976

Rhein-Flugzeugbau RF-1 Produktion

WNr	Typ	Zulassung	Datum	Bemerkungen
RF1 000	Modell	Keine	1960	Versuchsmodell 1:3 zur Erprobung der Ringflügelschraube in Krefeld  © RFB (030)
RF1 001	RF-1-V1	D-IGIR D-IGIR	15.08.1960 1961 Unbek.	Erstflug in Wildenrath Abgestellt in Mönchengladbach, noch 1967 RWTH Aachen, Mantelschraubenversuche  © RFB (161)
RF1 002	RF-1-V2	Keine	15.08.1960 1961	Im Bau, nicht mehr fertiggestellt Abgebrochen

Rhein-Flugzeugbau Sirius Produktion

WNr	Typ	Zulassung	Datum	Bemerkungen
RFB 001	Sirius 1	D-KIFB D-KIFB	Mai 1969 Juni 1969 1974	Erstflug, Versuchsträger Aero Salon Paris Eingelagert in Mönchengladbach  © RFB, (162)
RFB 002	Sirius II	D-KAFB D-KAFB	18.01.1972 Mai 1972 1976	Erstflug, Versuchsträger ILA 1972 Hannover Eingelagert in Mönchengladbach  © RFB (163)
RFB xxx	Let L13	D-KOEB D-KOEB	1974 Mai 1976	Ausgerüstet mit SG85 Fan Pod ILA 1976 Hannover

Rhein-Flugzeugbau Fanliner Produktion

WNr	Typ	Zulassung	Datum	Bemerkungen
RFB FL-1	FL-1	D-EJFL D-EJFL D-EJFL	08.10.1973 Mai 1974 1984	Erstflug ILA 1974 Hannover Bill Rice, Canada, keine weiteren Informationen  © RuthAs (Wikimedia Commons) (070)
RFB FL-2	FL-II	D-EBFL D-EBFL D-EBFL D-EBFL D-EBFL	04.09.1976 Juni 1977 1986 1998 2004	Erstflug Aero Salon 1977, Paris Bill Rice, Canada für Nordamerika Salestour Luigi Colani Colani Ausstellung „Futurama"  © Rhein-Flugzeugbau (071)

Rhein-Flugzeugbau Fantrainer Produktion

WNr	Typ	Zulassung	Datum	Bemerkungen
RFB D1	AWI2 AWI2 ATI2 FT400 FT400 FT400 FT400	D-EATJ 98+30 98+30 D-EATJ D-EATJ D-EATJ D-EATJ	27.10.1977 Juni 1978 Sept. 1978 1980 29.02.1980 1982 2014	Erstflug Wankelmotor Erprobungsstelle der Luftwaffe Umrüstung auf Allison 250 Turbine Teilaufrüstung FT-400 Standard Notlandung nach Triebwerksaufall Venlo Farnborough Air Show 1982 Bob Swayer, eingelagert © RFB, 1977 © Steve Fitzgerald via Wikimedia Commons Farnborough Airshow 1982, (165)
RFB D2	ATI2	D.EATI	31.05.1978 07.09.1978	Erstflug, danach Erprobungsstelle Absturz bei schlechter Sicht bei Bingen © RFB, 1978 (166)

WNr	Typ	Zulassung	Datum	Bemerkungen
RFB 000	Cock Pit	Mockup	1983 2013	Cockpit Mockup Sektion RTAFM  © Cheryl Baumgartner via Steve Darke, RTAFM, 2013 (219)
RFB 001	FT- 400	D-EATR D-EATR 98+75 D-EATR D-EATR RA-2600K RA-2600K	12.08.1984 Sept. 1984 Juli 1985 1986 1998 Unbek. Feb. 2015	Erstflug Fantrainer FT-400 Teilnahme Farnborough Airshow 1984 Luftwaffen-Erprobung Rückgabe an RFB, Mustermaschine FT-600 Peter Adrian, Ralph Thomas Verkauft nach Russland In Russland zum Verkauf  © RFB, 1984 (167)
RFB 002	FT- 600	D-EIWG 40211 40211 „B.9"	17.08.1984 Dez. 1984 27.12.1994 Dez. 2007 Mrz. 2009	Zweite Mustermaschine FT-600, Erstflug RTAF, F18k-01/27, 402 Sqn, 4 Wing Unfall Tambon Nong Yaphong, 2 Tote US Camping Store Jomtien Nicht mehr vorhanden  © Jean Marc Braun, Jomtien, 2015 (215)

WNr	Typ	Zulassung	Datum	Bemerkungen
RFB 003	FT- 400	D-EIWK 4001 4001	17.08.1984 Dez 1984 Ca. 1994 Ca. 2009 2015	Erste Mustermaschine FT-400, Erstflug RTAF, F18-01/27 RTAF Museum, Bangkok Hangar Exponant RTAFM, Bangkok Außenausstellung RTAFM, Bangkok  © RFB (168)  © Jean Marc Braun, RTAFM, 2016 (169)
RFB 004	FT- 600	40226	1989 Ca. 1994	RTAF, F18k-15/32, 402 Sqn 4 Wing RTAF Museum  © Jean Marc Braun, 2016 (211)

WNr	Typ	Zulassung	Datum	Bemerkungen
RFB 005	FT- 600	D-EIWZ 98+76 D-EIWZ D-EIWZ	Aug. 1984 Jul 1985 1998 2010	Prototyp FT-600 Luftwaffen-Erprobung Peter Adrian, Ralph Thomas Andreas Sattler / Fanjet Aviation GmbH, Schorndorf © RFB, 1985 (171) © RFB, 1984, (172) © Peter Bakema (Wikimedia Commons), (173)
RFB 006	FT- 600	6002	1987 Ca 1994 Sept. 2007	RTAF, F18k-02/30, 402 Sqn 4 Wing Eingelagert in Takhli, zum Verkauf 2006 Nicht mehr vorhanden © Michael Fader via wing.ch, (174)

WNr	Typ	Zulassung	Datum	Bemerkungen
RFB 007	FT- 600	03	1987 Ca 1994 Jan. 2016 Jul. 2016	RTAF, F18k-03/30, 402 Sqn 4 Wing Eingelagert in Takhli, zum Verkauf 2006 Paisal Phoprasert Store, Muek Lek Nicht mehr vorhanden © Phakphum Tangkijarak via wing.ch (175) © Steve Darke, Muek Lek, Jan 2016 (207)
RFB 008	FT- 600	6004/04	1987 Ca 1994 Sep. 2015	RTAF, F18k-04/30, 402 Sqn 4 Wing Eingelagert in Takhli, zum Verkauf 2006 Chokchai Museum, Pak Chong © Jean Marc Braun, Pek Chong, 2016 (213)

WNr	Typ	Zulassung	Datum	Bemerkungen
RFB 009	FT-600	40215	1987 Ca 1994 Nov. 2013 Jan. 2016	RTAF, F18k-05/30, 402 Sqn 4 Wing Eingelagert in Takhli, zum Verkauf 2006 Nakhon Nakhon Intern. Aviation College, Nakhon Phanom  © Steve Darke, Takhli, 2007 (225)  © Alec Wilson, Nakhon Phanom, 2016 (228)
RFB 010	FT-			Teile nach Thailand geliefert
RFB 011	FT-	D-EATP 98+77 D-EATP D-EATP D-EATP	Aug. 1984 Aug. 1985 Sep. 1986 1989 1989	Musterflugzeug Luftwaffen-Erprobung Farnborough Air Show 1986 & 1990 Lufthansa Flugschule, Bremen Rhein-Flugzeugbau  © Peter Bakema (Wikimedia Commons) Berlin Schönefeld, 2006 (177)

WNr	Typ	Zulassung	Datum	Bemerkungen
RFB 012	FT-600	6006 40216	1987 Unbek. Ca 1994 Jan. 2016 Mai 2016	RTAF, F18k-06/30, 402 Sqn 4 Wing RTAF Eingelagert in Takhli, zum Verkauf 2006 Paisal Phoprasert Store, Muek Lek Jirapat Wora #2 Yard, Nakhom Pathom  © Jean Marc Braun, Mai 2016, Nakhon Pathom, (209)
RFB 013	FT-600		1987 17.02.1992	RTAF, F18k-07/30, 402 Sqn 4 Wing Absturz bei Ban Nam Lat, 2 Tote
RFB 014	FT-600	40217	1987 Ca 1994 Mrz. 2014	RTAF, F18k-08/30, 402 Sqn 4 Wing Eingelagert in Takhli, zum Verkauf 2006 Ausgestellt Chiang Rai Military Field  © Steve Darke, Chiang Rai, Jan. 2016 (217)
RFB 015	FT-600	40221	1987 Ca 1994 Jan. 2013	RTAF, F18k-09/30, 402 Sqn 4 Wing Eingelagert in Takhli, zum Verkauf 2006 Ausgestellt in Khampaeng Saen  © Jean Marc Braun, Kamphaeng, 2016, (214)

WNr	Typ	Zulassung	Datum	Bemerkungen
RFB 016	FT-600	40222	1987 Ca 1994 Nov. 2015 Jan. 2016 Mrz. 2016 Jul. 2016	RTAF, F18k-10/30, 402 Sqn 4 Wing Eingelagert in Takhli, zum Verkauf 2006 Paisal Phoprasert Store, Muek Lek Mu Si Paisal Phoprasert Store, Muek Lek Nicht mehr vorhanden  **© Tom Milliken via Steve Darke, Takhli, 2007 (217)**
RFB 017	FT-600	40223	1987 Ca 1994 Jan. 2013 Mai 2016	RTAF, F18k-11/30, 402 Sqn 4 Wing Eingelagert in Takhli, zum Verkauf 2006 Jirapat Wora Yard, Nahkhon Pathom Nicht mehr vorhanden  **© Jean Marc Braun, Muek Lek, 2016 (212)**
RFB 018	FT-600	40224	1987 Ca 1994 Jan. 2013 Feb. 2014	RTAF, F18k-12/30, 402 Sqn 4 Wing Eingelagert in Takhli, zum Verkauf 2006 Weiterhin in Takhli Wattana Nakhon

WNr	Typ	Zulassung	Datum	Bemerkungen
RFB 019	FT-600	40225 21331	1987 Ca 1994 Jan. 2016 Mai 2016	RTAF, F18k-13/30, 402 Sqn 4 Wing Eingelagert in Takhli, zum Verkauf 2006 Paisal Phoprasert Store, Muek Lek In US Army Livery at Nakhon Pathom  © Jean Marc Braun, Nakhon Phatom, Aug. 2016 (210)
RFB 020	FT-600		1987 Aug. 1989	RTAF, F18k-14/30, 402 Sqn 4 Wing Verlust durch Absturz
RFB 021	FT-400	02	1989 Ca 1994 Jan. 2013	RTAF, F18-2/32 Eingelagert in Takhli, zum Verkauf 2006 GI Airframe, Takhli  © Phakphum Tangkijarak via wings-aviation.ch (178)
RFB 022	FT-400	04 40204 40204	1989 Jan. 1994 Apr. 2014	RTAF, F18-4/32 Eingelagert Takhli, zum Verkauf 2006 Tango Chiang Mai

WNr	Typ	Zulassung	Datum	Bemerkungen
RFB 023	FT-400	05	1989 Ca. 1994 Apr. 2012	RTAF, F18-5/32 Eingelagert Takhli, zum Verkauf 2006 Noch in Takhli
RFB 024	FT-400	40236	1992 Ca. 1994 Jan. 2013	RTAF, F18-6/35, 402 Sqn 4 Wing Eingelagert Takhli, zum Verkauf 2006 Eingelagert Khampaeng Saen © Steve Darke, Takhli, 2007 (224)
RFB 025	FT-400	07	1992 20.10.1993	RTAF, F18-7/35 Absturz Tambon Tung Bua, 2 Tote © Phakphum Tangkijarak via wings-aviation.ch (179)
RFB 026	FT-			An Thailand ausgeliefert
RFB 027	FT-400	03	1989 Ca. 1994 08.01.2016 Mai 2016	RTAF, F18-3/32 eingelagert Takhli, zum Verkauf 2006 Paisal Phoprasert Yard, Muek Lek Jirapat Wora #2 Yard, Nakhon Pathon © Jean Marc Braun, Muek Lek, 2016 (206)

WNr	Typ	Zulassung	Datum	Bemerkungen
RFB 028	FT-400	08	1992 Ca. 1994 Aug. 2016	RTAF, F18-8/35 Eingelagert Takhli, zum Verkauf 2006 Jirapat Wora #2 Yard, Nakhon Pathom  © Tom Milliken via Steve Darke, Takhli, 2007, (226)
RFB 029	FT-400	09	1992 16.02.1994 Jan. 2013	RTAF, F18-9/35 Beschädigt, eingelagert Takhli Noch in Takhli  © Steve Darke, Takhli, Apr 2012 (221)
RFB 030	FT-400	10	1992 Ca. 1994 Jan. 2016 Mai 2016	RTAF, F18-10/35 Eingelagert Takhli, zum Verkauf 2006 Jirapat Wora Yard, Nakhon Pathom Neue Lackierung und verkauft  © Jean Marc Braun, Muek Lek, 2016 (208)

WNr	Typ	Zulassung	Datum	Bemerkungen
RFB 031	FT-400	11	1992 Ca. 1994 Jan. 2013	RTAF, F18-11/35 Eingelagert Takhli, zum Verkauf 2006 Noch in Takhli  © Steve Darke, Takhli, Apr 2012 (216)
RFB 032	FT-400	12	 Jan. 2009	RTAF, F18-12/35, nicht fertiggestellt RTAF Museum, eingelagert
RFB 033	FT-400	13	 Okt. 1995 Jun. 2012	RTAF, F18-13/35, nicht fertiggestellt Eingelagert Don Mueang Noch in Don Mueang  © Tom Milliken via Steve Darke, Jomtien, 2013, (227)
RFB 034	FT-400	15	 Nov. 2008	RTAF, F18-15/35, nicht fertiggestellt RTAF Museum, eingelagert  © Steve Darke, RTAFM, 2010 (222)
RFB 035	FT-400	14	 Jan. 2009	RTAF, F18-14/35, nicht fertiggestellt RTAF Museum, eingelagert
RFB 036	FT-			An Thailand ausgeleifert

WNr	Typ	Zulassung	Datum	Bemerkungen
RFB 037	FT-400	16	Nov. 2008	RTAF, F18-16/35, nicht fertiggestellt RTAF Museum, eingelagert  © Steve Darke, RTAFM, 2010 (223)
RFB 038	FT-400		Jun. 2012	RTAF, nicht fertiggestellt Eingelagert bei TAI, Don Mueang
RFB 039	FT-400		Jun. 2012	RTAF, nicht fertiggestellt Eingelagert bei TAI, Don Mueang
RFB 040	FT-400		Jun. 2012	RTAF, nicht fertiggestellt Eingelagert bei TAI, Don Mueang  © Alec Wilson (Wikimedia Commons), RTAFM, 2014 (181)
RFB 041	FT-400		Jan. 2009	RTAF, nicht fertiggestellt, Tragflächen RTAF Museum

WNr	Typ	Zulassung	Datum	Bemerkungen
UBK	FT-	„D-EATP“ „40+01“	Jan 2016	Army Surplus Store Hwy #2, Muek Lek in fiktiver Luftwaffenbemalung und fiktiven Kennzeichen „D-EATP“ Vermutlich in Pattaya  © Jean Marc Braun, Muek Lek, Jan 2016 (229)
UBK	FT-	„D-EATP“	Jul 2013	Jomtien, in fiktiver „RFB-Bemalung“ mit fiktivem Kennzeichen „D-EATP“,  © Tom Milliken via Steve Darke, Jomtien, 2015 (234)
UBK	FT-	„2589“	Aug 2014	Nakhon Pathom, in fiktiver USAF-Bemalung mit fiktivem Kennzeichen „2589“  © Jean Marc Braun, 2014 (236)
UBK 03	FT-		Apr 2015 Jan 2016	Jomtien Rayong in fiktiver USAF-Bemalung  © Steve Darke, Rayong, Jan 2016 (230)

WNr	Typ	Zulassung	Datum	Bemerkungen
UBK	FT-	„7494"	Jul 2015	Nakhon Pathom, in fiktiver „US Marines" Bemalung und fiktivem Kennzeichen „7494"  © Jean Marc Braun, 2015 (237)
UBK	FT-	„2015"	Aug 2016	Aircraft Market, Nakhon Pathom in fiktiver blauer USAF-Bemalung  © Jean Marc Braun, 2016 (236)
UBK 04	FT-	„B-69"	Jan 2016	Rayong in fiktiver WW I Bemalung  © Steve Darke, Rayong, Jan 2016 (231)
UBK 05	FT-		Jun 2015	Pattaya Sheep Farm „by Chang Siam"  © Steve Darke, Pattaya, Jun 2015 (232)

WNr	Typ	Zulassung	Datum	Bemerkungen
UBK	FT-		Jun 2015	Pattaya Sheep Farm  © Cheryl Baumgartner via Steve Darke, Pattaya, Jun 2015 (235)
UBK 06	FT-	„06“	Nov 2015	US Camping Store, Jomtien in fiktiver USAF-Bemalung blau  © Tom Milliken via Steve Darke, Jomtien, 2015 (233)
UBK	FT-		Aug 2016	Bang Kung Camp Road 4013, Ampha Wa in fiktiver RTN Bemalung  © Jean Marc Braun, 2016, (238)
				RTAF Fantrainer Typenschild 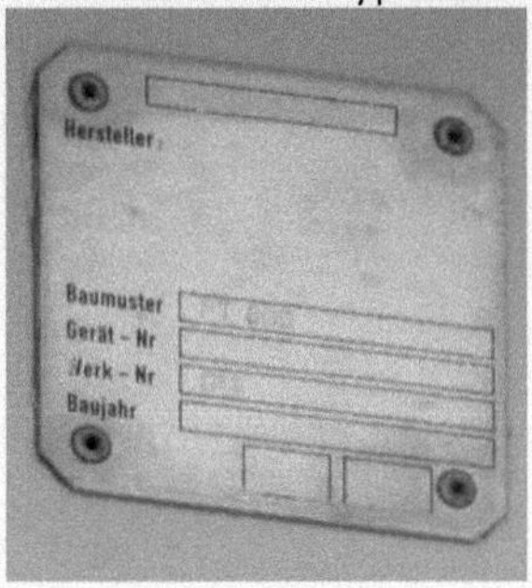

RFB/MBB/Rockwell Fanranger Produktion

WNr	Typ	Zulassung	Datum	Bemerkungen
RFB Rock well RPO 1	Fan Ranger Ranger 2000	D-FANA D-FANA N104NA N104NA	15.01.1993 1993/94 Jun. 1994 nach 1997 2016	Erstflug Manching DASA Flight Test Programm Rockwell Tulsa Flight Test Programm Privater Besitzer in Deutschland Flugfähiger Wiederaufbau  © Airbus Group Corporate Heritage (182)
RFB Rock well RPO 2	Fan Ranger	D-FANB D-FANB	1993 27.07.1993	Erstflug Manching Verlust durch Absturz  © Airbus Group Corporate Heritage (183)
RFB Rock well RPO 3	Ranger 2000	D-FANC N204NA N204NA	20.06.1994 30.06.1994 nach 1997	Erstflug Manching Rockwell Tulsa Flight Test Programm Aviation Museum Tulsa

Bodeneffekt-Fahrzeuge

Collins/RFB X-Series Produktion

WNr	Typ	Zulassung	Datum	Bemerkung
Collins 12	X.112	N5961V N5961V	1963 1973	Erstflug und Tests in Cedar City EAA-Museum Hale's Corner  © Collins Radio (184)
RFB 1	X.113	D-9568 D-9568 D- Ohne ohne	Okt. 1970 1973 1977 1997 2004	Erstflug Bodensee Pariser Aerosalon 1973 eingelagert Flightship Cairns, Australien, eingelagert School of Engineering of Ngee Ann, eingel.  © RFB (185)
RFB 2	X.114	98+29 98+29	15.04.1977 1977/78	Erstflug Unfall bei See-Erprobung, zerstört  © RFB (186)

Sowjetischer X.113 Nachbau

CLST	ESKA-1	0673

Iranischer X.113 Nachbau

Iran	Bavar 2	B2A004
Iran	Bavar 2	B2A008
Iran	Bavar 2	B2A017
Iran	Bavar 2	B2C001
Iran	Bavar 2	SN3115

Fischer Flugmechanik Airfish Lizenzbauten

WNr	Typ	Zulassung	Datum	Bemerkung
FF 1	AF-1 AF-1 AF-2 AF-2	keine	1987 1987/88 1989 Vor 2010	Erstflug Baldeney-See, Essen Erprobungsprogramm Umbau Flügel und Leitwerk Luftfahrtmuseum Merseburg  © Fischer Flugmechanik, Airfish AF-1 (187)  © Horst Zöller, Airfish AF-2, Merseburg (188)
RFB 1	AF-3 AF-3 AF-3PA AF-3PA AF-3PA AF-3PA	keiine	1990 1992 1992 1997 2004 Okt. 2010	Gebaut bei RFB Flarecraft, Miami Boat Show 1992 Umbau „Augumented Power" Flightship Pty, Australien, eingelagert Wigetworks Ltd, Singapur, eingelagert Umbau zu Trainerversion  © Fischer Flugmechanik, Airfish AF-3 (131)

WNr	Typ	Zulassung	Datum	Bemerkung
FC1	Flare craft L-324	Keine	Okt 1996	Erstflug, AF-3 Nachbau
FC2	Flare craft L-325	Keine keine	Okt. 1996 1997	Erstflug Rhode Island, USA Zerstört Narragansett Bay, R.I., USA
FC3	Flare craft L-325	Keine	1997	
FC4	Flare craft L-325	Keine keine	1997 Okt. 2000	 Zerstört Narragansett Bay, R.I. USA
FC5	Flare craft L-325	Keine Keine keine	1997 2001 Aug. 2001	 Test bei Lockheed Martin Zerstört bei Unfall
FC6	Flare craft L-325	Keine	1997	Ging später an das U.S. Marine Corps
FC7	Flare craft L-325	Keine	1997	
AFD 1	AF-8 AF-8 FS-8 FS-8 AF-8 AF-8 AF-8-1 AF-8-1	Keine 9274989 Keine 9V8677 9V8677	Feb. 2001 2001 Dez. 2001 2002 Apr. 2004 30.03.2010 28.08.2012	Gebaut bei Airfoil Development GmbH Erstflug Erprobung in Holland Flightship Pty, Australien IMO-Zulassung 9274989 Wigetworks Ltd, Singapur Erstzulassung eines WIG Flügelbruch in Bandar Hillr, Melaka © Fischer Flugmechanik, 2001 (189)

WNr	Typ	Zulassung	Datum	Bemerkung
Flight Ship 002	FS-8	IMO-Nr. 9267326	2003 gestrichen 2004	Bau begonnen, nicht fertiggestellt Sunland Transport, Malediven Wigetworks, Singapur  © Flightship Pty, 2003 (191)
Flight Ship 003	FS-8	IMO-Nr. 9267338	2003 gestrichen 2004	Bau begonnen, nicht fertiggestellt Sunland Transport, Malediven Wigetworks, Singapur
Flight Ship 004	FS-8	IMO-Nr. 9267340	2003 gestrichen 2004	Bau begonnen, nicht fertiggestellt Sunland Transport, Malediven Wigetworks, Singapur
Flight Ship 005	FS-8	IMO-Nr. 9267352	2003 gestrichen	Bau begonnen, im Rohbau abgewrackt Sunland Transport, Malediven
Wiget Works PPC-1	AF-8	Keine	Aug. 2010 04.10.2015	Baubeginn, Pre-Production-WIG Wigetworks Ltd, Probebetrieb  © Wigetworks, 2015 (192)
CTRM PPC-2	AF-8	Keine	Okt. 2011	Baubeginn, Pre-Production-WIG gebaut bei CTRM  © CTRM (193)

Fischer Flugmechanik Hoverwing Lizenzbauten

WNr	Typ	Zulassung	Datum	Bemerkung
IBB 1	HW2V T	keine	1996/97 07.05.1997 2001 2009	Gebaut bei Institut Binnenschiffbau, Duisburg Erstflug, Baldeney-See, Essen Abschluss Erprobungsprogramm PT AGEC Techno, Jarkarta, Indonesien  © Fischer Flugmechanik (194)
ASF AFD 1	HW20		2011 2016	Baubeginn bei Aerostruktur Faserkunststoffe Übernahme des Rohbaus durch Airfoil Development GmbH, Weiterbau in Gundelfingen  © Franz Karnatjan, Gundelfingen, 2014 (195)
WSH 1	HW50 WSH-500	IMO Nr. 9590436	11.10.2011 2014	Gebaut bei Wingship Heavy Industries, Korea Stapellauf, Erstflug Dez. 2011 Verkehrszulassung  © Wingship Heavy Industries (196)

Die Zieldarstellungsflüge wurden durch Rhein-Flugzeugbau zum 1. Januar 1966 von der Deutschen Luftfahrt Beratung GmbH übernommen. Rhein-Flugzeugbau übernimmt die DLB-Flotte zur Zieldarstellung in Form von Harvard T6 und Hawker Sea Fury, sowie den DLB-Instandsetzungsbetrieb in Köln-Wahn und die operative Basis in Lübeck-Blankensee von DLB. RFB führt Zieldarstellungsflüge mit unterschiedlichen Mustern bis zur Einführung der Pilatus PC-9 im Jahr 1990 durch. Dabei kommen die folgenden Flugzeugmuster bei Rhein-Flugzeugbau zum Einsatz:

- Harvard T6 1966 – 1968 11 Flugzeuge von DLB übernommen
- Sea Fury 1966 – 1974 13 Flugzeuge von DLB übernommen
- Canberra B.2 1966 – 1980 03 Flugzeuge, später WTD
- OV10 Bronco 1970 – 1990 18 Flugzeuge
- IAI 1124 1980 – 1989 05 Flugzeuge

[42] Quelle: Luebecker-Luftfahrt.de

Hawker Sea Fury

Die Sea Fury Flotte wurde 1966 durch RFB von der Deutschen Luftfahrt Beratungsdienst GmbH übernommen. Insgesamt wurden 13 Sea Fury bei RFB betrieben. Die Instandhaltung der Maschinen erfolgt am früheren DLB-Standort Köln-Wahn durch RFB. Eine Maschine ging 1970 durch Absturz verloren. Die übrigen 12 Flugzeuge wurden 1974 in Köln-Wahn abgestellt und über die Vebag verkauft.

© Alan Brown (197, GNU 1.2)

WNr	Typ	Zul.	Von	Bis	Bemerkung
ES.3611	Sea Fury TT20	D-CABY	1966	1970	Absturz Rahlstedt Schneetreiben 03.70
ES.3612	Sea Fury TT20S	D-CACA	1966	1974	abgestellt Köln 04.74, verkauft 1975
ES.3613	Sea Fury T20	D-CACE	1966	1974	Verkauft 10.74
ES.3615	Sea Fury T20S	D-CACO	1966	1974	Verkauft 10.74
ES.3616	Sea Fury T20S	D-FATA D-CATA	1966 1970	1970 1974	Letzter Sea Fury Flug bei RFB verkauft 10.74
ES.3617	Sea Fury FB11	D-CACY	1966	1972	Eingelagert, LW-Museum 1978
ES.8501	Sea Fury T20S	D-FIBO D-CIBO	1966 1970	1970 1976	Verkauft 1976
ES.8502	Sea Fury T20S	D-CAMI	1966	1974	Verkauft 08.74
ES.8503	Sea Fury T20S	D-FATA D-CATA	1966 1970	1970 1974	Verkauft 10.74
ES.8504	Sea Fury T20S	D-FOTE D-COTE	1966 1970	1970 1980	Verkauft 1980
ES.8509	Sea Fury T20S	D-CAFO	1966	1974	Verkauft 07.74
ES.9505	Sea Fury T20S	D-COCO	1966	1978	Verkauft 1978
ES.9506	Sea Fury T20S	D-CEDO	1966	1975	Verkauft 1975

Harvard T6

Nach Ausmusterung der Schulungs-Flugzeuge vom Typ Harvard T6 Harvard gingen einige Maschinen an die DLB. Diese wurden 1966 von RFB übernommen. Insgesamt wurden 11 Flugzeuge des Typs bei RFB betrieben. Die T-6 Harvard wird 1968 in Mönchengladbach abgestellt und über die Vebeg verkauft oder verschrottet.

© D. Miller (241, CC-BY-2.0)

WNr	Typ	Zul.	Von	Bis	Bemerkung
CCF4-550	Harvard T6	D-FABA	1966	1968	Verkauft nach Frankreich
CCF4-499	Harvard T6	D-FABE	1966	1968	Verkauft nach Frankreich
CCF4-537	Harvard T6	D-FABI	1966	1968	Verkauft nach Frankreich
CCF4-465	Harvard T6	D-FABU	1966	1968	Abgegeben an Luftwaffenmuseum
CCF4-514	Harvard T6	D-FABO	1966	1968	Verkauft 1977
CCF4-484	Harvard T6	D-FACA	1966	1968	Teilespender für FAP-1733
CCF4-524	Harvard T6	D-FACE	1966	1968	Teilespender für FAP-1739
Unbek.	Harvard AT16ND	D-FAMO	1966	1968	Verkauft an FAP-1791
Unbek.	Harvard AT6FNT	D-FAMU	1966	1968	Verkauft an FAP-1792
Unbek.	Harvard AT6FNT	D-FOTO	1966	1968	Verkauft an FAP-1795
CCF4-509	Harvard T6	Keine	1966	1968	Abgabe Flughafen Düsseldorf Feuerwehr

North American OV10B Bronco

Die North-American OV10B Bronco wurden durch die Bundesluftwaffe neu beschafft und ab 1970 durch Rhein-Flugzeugbau als Zieldarsteller verwendet. Insgesamt wurden 18 Flugzeuge betrieben. Militärische Zulassung 99+.. ab 1976. Drei Flugzeuge gingen durch Absturz verloren. Ausmusterung erfolgt ab 1990 nach Übernahme der Zieldarstellung durch Pilatus PC-9. Verkauf über Vebag.

© Jakub Halun (199, GNU 1.2)

WNr	Typ	Zulassung	Von	Bis	Bemerkung
158292	OV10B	D-9545 99+16	1970 1976	1976 1990	Verkauft Museum Hermeskeil
158293	OV10B	D-9546 99+17	1970 1976	1976 1990	Abgabe an Museum
158294	OV10B	D-9547 99+18	1971 1976	1976 1990	Abgabe an Museum Schweningen
158295	OV10B	D-9548 99+19	1970 1976	1976 1988	Absturz 01.07.88
158296	OV10B	D-9549 99+20	1970 1976	1976 1990	Abgabe an Museum
158297	OV10B	D-9550 99+21	1970 1976	1976 1990	Abgabe an Museum
158298	OV10B	D-9551 99+22	1970 1976	1976 1977	Absturz 08.06.77
158299	OV10B	D-9552 99+23	1970 1976	1976 1982	Absturz 20.07.82, Blankensee
158300	OV10B	D-9553 99+24	1970 1976	1976 1990	Abgabe nach Frankreich
158301	OV10B	D-9554 99+25	1970 1976	1976 1990	LW-Museum, später USA

158302	OV10B	D-9555 99+26	1970 1976	1976 1990	2001 Abgabe nach England
158303	OV10B	D-9556 99+27	1970 1976	1976 1990	Verkauft nach Frankreich
158304	OV10B	D-9557 99+28	1970 1976	1976 1990	Verkauft nach USA
158305	OV10B	D-9558 99+29	1970 1976	1976 1990	An Museum
158306	OV10B	D-9559 99+30	1970 1976	1976 1990	BW-Museum, Koblenz
158307	OV10B	D-9560 99+31	1970 1976	1976 1990	Verkauft nach USA
158308	OV10B	D-9561 99+32	1970 1976	1976 1990	Verkauft nach England
158309	OV10B	D-9562 99+32	1970 1976	1976 1990	Luftwaffenmuseum

English Electric Canberra

Die Luftwaffe erwarb im Oktober 1966 drei Maschinen des Typs English Electric Canberra B.2. Diese Flugzeuge wurden zunächst für die Zieldarstellung verwendet und durch RFB für die Luftwaffe betrieben. Im Gegensatz zu den Sea Furys in Lübeck dienten die Canberras als Zielobjekte für radargestützte Flugzeugabwehr im oberen Luftraum. Die Flugzeuge wurden in Köln-Wahn stationiert, waren aber bundesweit im Einsatz. Mitte der achtziger Jahre werden die Canberras in der Zieldarstellung durch IAI Westwind ersetzt. Danach werden sie als Erprobungsträger für Navigationssysteme, Aufklärungsausrüstung und Feuerleitsysteme weitergenutzt. Zeitweise nutzt auch die DVLR die Flugzeuge. Auch als Vermessungsflugzeuge finden die drei Maschinen Verwendung bevor sie 1993 endgültig ausgemustert werden. Die technische Betreuung erfolgt während dieser Folgeverwendung weiterhin bei RFB in Köln-Wahn.

© Mike Freer (200, GNU 1.2)

WNr	Typ	Zulassung	Von	Bis	Bemerkung
6651	Canberra B.2	YA+151 D-9566 99+34	1966 1970 1977	1970 1977 1993	Zunächst Einsatz beim WTD61 später Einsatz bei MilGeo Luftfahrtmuseum Schwenningen Letzter Luftwaffe Canberra-Flug am 27.10.93 Manching-Schwenningen
6644	Canberra B.2	YA+152 D-9569 99+36	1966 1970 1977	1970 1977 1984	Zunächst Einsatz beim WTD61 später Einsatz bei MilGeo Luftfahrtmuseum Sinsheim
6652	Canberra B.2	YA+153 D-9567 99+35	1966 1970 1977	1970 1977 1991	Zunächst Einsatz beim WTD61 später Einsatz bei DVLR Luftwaffenmuseum Berlin-Gatow

IAI 1124 Westwind

© RFB, (201)

Zur Ablösung der alten Canberras in der Zieldarstellung erwirbt die Luftwaffe 1980 zunächst vier Flugzeuge vom Typ IAI 1124 Westwind von Isreael Aircraft Industries. Ein weiteres Flugzeug kommt 1987 hinzu. Die Flugzeuge werden bei Rhein-Flugzeugbau für die Zieldarstellung mit Schleppzielen gemäß AFC 2085 "Zieldarstellungssystem HAL" umgebaut. Zum Einbau kommt das Windensystem HSW-071/E und ein Trefferanzeigesystem. Als Zielsystem kommt das Sea Skimmer System zum Einsatz. Die Flugzeuge werden zivil für Rhein-Flugzeugbau zugelassen und bleiben bis 1989 als Zieldarsteller im Einsatz. Sie werden danach komplett in die USA verkauft.

WNr	Typ	Zulassung	Von	Bis	Bemerkung
294	IAI 1124	D-CBBA	1980	1989	Verkauft nach USA
296	IAI 1124	D-CBBB	1980	1989	Verkauft nach USA
297	IAI 1124	D-CBBC	1980	1989	Verkauft nach USA
310	IAI 1124	D-CBBD	1980	1989	Verkauft nach USA
154	IAI 1124	D-CBBE	1987	1989	

Bildnachweis

Quelle	Anzahl	Bildnummern
ABS Aircraft GmbH Pressemappe	1	121
Aeroprints.com (CC-BY-SA-3.0)	1	170
Airbus Group Corporate Heritage	3	098, 182, 183
Bakema, Peter (GNU 1.2)	3	155, 173, 177
Baumgartner, Cheryl	1	219
BMFT TEBF Bericht	1	138
Braun, Jean Marc	13	169, 206, 209, 210, 211, 212, 213,, 214, 215, 229, 236, 237, 238
Brown, Alan (GNU 1.2)	1	197
DLR (CC-BY 3.0)	1	054
Cheng-shenh Wang	1	102
Collins Radio	4	100, 101, 184, 244
Darke, Steve	12	089, 208, 216, 217, 221, 222, 224, 225, 230, 231, 232, 235
Fader, Michael (Wings-Aviation.ch)	3	092, 093, 174
Fischer, Hanno „Sammlung Fischer“	24	Rück-Cover 001, 002, 003, 005, 008, 009,010, 011, 012, 013, 014 (RWF), 015 (RWF), 017, 018 (RWF), 019 (RWF), 020, 027 (Aeroclub Essen), 028 (El Espectado), 034, 120, 122, 126, 150 (RWF), 203
Fischer Flugmechanik	18	115, 116, 117, 118, 127, 128, 131, 132 (Flarecraft), 133, 139, 140, 143, 148, 149, 187, 188, 189, 194

Quelle	Anzahl	Bildnummern
Fitzgerald, Steve (GNU 1.2)	1	165
Flightship Pty Press Releases	7	134, 191, 240, 241, 242, 243, 245
Freer, Mike (GNU 1.2)	2	041, 200
Goetting, Felix (GNU 1.2)	1	059
Halun, Jakub (GNU 1.2)	2	043, 199
Hameed, H.	1	111
Iranian Defense Ministry Press Release	1	106
Karnatjan, Franz	3	141, 142, 195
Klasmann-Deilmann GmbH	1	022
Milliken, Tom	5	217, 226, 227, 233, 234
Miller, D.	1	241
Patentblatt	4	006, 114, 124, 202
Poison, Ian	1	220
RFB/VFW-Pressestelle	86	Front-Cover, 016, 023, 024, 025, 029, 030, 031, 032, 033, 035, 036, 037, 038, 039, 042, 044, 045, 046, 047, 048, 050, 051, 052, 053, 055, 056, 057, 058, 060, 061, 062, 063, 064, 065, 066, 067, 068, 069, 071, 072, 073, 074, 075, 076, 077, 078, 079, 080, 081, 082, 083, 084, 085, 086, 087, 088, 090, 091,094 (RTAF), 095 (RTAF), 096, 097, 103, 104, 107, 108, 109, 110, 112, 113, 129, 130, 154, 160, 161, 162, 163, 164, 166, 167, 168, 171, 172, 185, 186, 201
RuthAS (CC-BY-3.0)	4	070, 125, 151, 158,
San Diego Air and Space Museum	1	246
Sattler, Andreas (CC-BY-SA-3.0)	1	099

Quelle	Anzahl	Bildnummern
Smolik (CC-BY-4.0)	1	157
Steenbeck, R.	1	040
Tangkijarak, Phakphum (via wings-aviation.ch)	2	178, 179
Tiley, Ken (NA3T)	1	026
Terlouw, Nico (via Wim Zwakhals)	2	152, 153
West, Christoph	1	159
Wigetworks Press Release	4	135, 136, 192, 193
Wilson, Alec	2	181, 228
Wingship Technologies Press Release	6	144, 145, 146, 147, 196, 205
Zwakhals, Wim	1	156

Index